KB121911

포인트
손뜨개 무늬집

임현지 저

예신Books

fashion hand knit pattern

prolog

머 리 말

처음 니트 디자이너로 작품집 『봄 & 여름용 패션 손뜨개』, 『가을 & 겨울용 패션 손뜨개』, 『사계절 패션 손뜨개』, 『어린이 패션 손뜨개』, 『캐주얼 & 정장 패션 손뜨개』, 등 5권을 만들었고, 여섯 번째 책을 출간하게 되니 감회가 새롭다.

이번에는 작품집이 아닌 '패션 손뜨개 무늬집' 으로 나에게는 새로운 도전과도 같은 책이다. 대바늘과 코바늘 그리고 에칭에 이르기까지 방대한 분량의 무늬들을 스타일별로 나누어 총 다섯 권으로 구성하였다.

이 책은 '패션 손뜨개 무늬집' 중 제5권인 포인트 손뜨개 무늬집 편이다. 전체적으로 패션에 포인트를 줄 수 있는 모티브와 에칭으로 구성하여 조각들을 연결해 퀼트 느낌을 줄 수 있는 무늬 위주로 표현하였다.

이 무늬집을 보고 나면 흔한 무늬들이라고 하는 독자도 있을 것이고, 새로운 무늬라고 하는 독자도 있겠지만, 무늬집을 준비하면서 여러 가지 도안과 패턴들을 작업해 보니 같은 무늬도 한 단, 한 코, 실의 굵기와 종류, 색상을 어떻게 쓰느냐에 따라 새로운 무늬가 나올 수 있다는 것을 알게 되었다. 독자들도 이 책을 참고하여 여러 가지 방법으로 응용할 수 있게 되길 바란다.

각각의 독특한 무늬에 맞추어 실을 선택하여 똑같은 듯하지만 뭔지 모르게 달라보이고, 달라 보이지만 그리 튀지 않는 나만의 개성을 찾는 분들에게 조금이나마 도움이 되었으면 한다.

이 책이 나오기까지 도움을 주신 출판사 사장님과 편집부 직원분들에게 고마운 마음을 전한다.

임현지(jwy1266@hanmail.net)

c o n t e n t s

손뜨개 기본도구

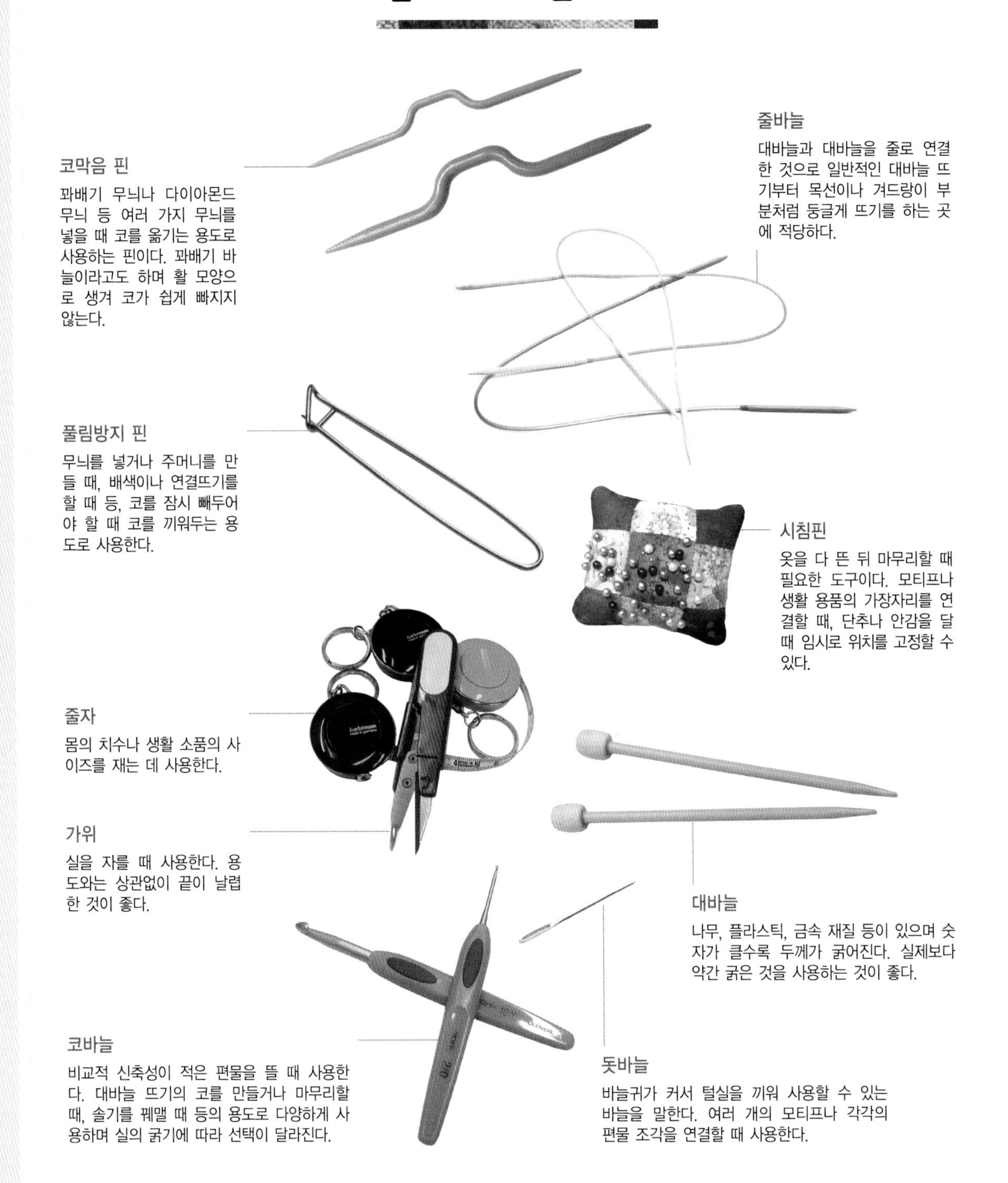

코막음 핀

꽈배기 무늬나 다이아몬드 무늬 등 여러 가지 무늬를 넣을 때 코를 옮기는 용도로 사용하는 핀이다. 꽈배기 바늘이라고도 하며 활 모양으로 생겨 코가 쉽게 빠지지 않는다.

줄바늘

대바늘과 대바늘을 줄로 연결한 것으로 일반적인 대바늘 뜨기부터 목선이나 겨드랑이 부분처럼 둥글게 뜨기를 하는 곳에 적당하다.

풀림방지 핀

무늬를 넣거나 주머니를 만들 때, 배색이나 연결뜨기를 할 때 등, 코를 잠시 빼두어야 할 때 코를 끼워두는 용도로 사용한다.

시침핀

옷을 다 뜬 뒤 마무리할 때 필요한 도구이다. 모티프나 생활 용품의 가장자리를 연결할 때, 단추나 안감을 달 때 임시로 위치를 고정할 수 있다.

줄자

몸의 치수나 생활 소품의 사이즈를 재는 데 사용한다.

가위

실을 자를 때 사용한다. 용도와는 상관없이 끝이 날렵한 것이 좋다.

대바늘

나무, 플라스틱, 금속 재질 등이 있으며 숫자가 클수록 두께가 굵어진다. 실제보다 약간 굵은 것을 사용하는 것이 좋다.

코바늘

비교적 신축성이 적은 편물을 뜰 때 사용한다. 대바늘 뜨기의 코를 만들거나 마무리할 때, 솔기를 꿰맬 때 등의 용도로 다양하게 사용하며 실의 굵기에 따라 선택이 달라진다.

돗바늘

바늘귀가 커서 털실을 끼워 사용할 수 있는 바늘을 말한다. 여러 개의 모티프나 각각의 편물 조각을 연결할 때 사용한다.

멋진 작품을 완성하는 법

자신의 신체 치수에 맞게 게이지 내는 법

❶ 줄자로 가슴둘레, 엉덩이둘레, 어깨너비, 소매길이, 옷길이를 잰다.

❷ 뜨고자하는 무늬를 사방 10cm²로 뜨고 무늬 수에 해당하는 콧수와 단수를 샌다. 코바늘은 스팀다림질하여 늘어날 것을 감안하기 위해 게이지뜨기할 때 스팀다림질한 치수도 잰다.

❸ 줄자로 잰 신체치수에 앞, 뒤판 각각에 4cm씩 여유분을 더한다.

❹ 옷길이와 소매길이는 여유분을 주지 않고 줄자로 잰 치수 그대로 뜬다.

손뜨개를 깔끔하게 마무리하는 법

❶ 소매를 달지 않은 상태에서 단 처리만 한 다음, 뒤집어서 스팀 다리미로 가볍게 누르듯 다린다.

❷ 다리미로 다릴 때 너무 세게 누르면서 다리거나 한 곳에 오래 머무르지 않도록 한다. 또한 다리미 온도가 너무 뜨겁지 않게 주의한다.

❸ 소매 뜬 것은 뒤집어서 다린다.

소매 다는 법

❶ 몸판 어깨선과 소매산 중심을 시침핀으로 고정한 후 진동둘레 중심과 소매 중심을 맞대어 코바늘(사슬뜨기 3코한 뒤 빼뜨기한다)로 붙인다.

❷ 코바늘로 소매를 붙이면 다음에 수선할 때 마무리 부분 찾기가 쉽다.

뜨개실의 종류

실의 굵기에 따른 분류

- **초극세모사** : 모사 중에서에 가장 가는 실이다. 다른 소재와 섞어서 쓰거나, 색깔이 다른 실과 합사해서 변화를 줄 때 쓰인다.
- **극세모사** : 초극세모사를 2올로 꼰 정도 굵기의 실이다. 한 올로 뜨면 아무래도 모양이 흐트러지기 쉬우므로, 코바늘뜨기에서는 약간 촘촘하게 뜨도록 한다.
- **준세모사** : 극세모사와 중세모사의 중간 굵기의 실이다. 비교적 되게 꼬여 있어서 뜨개코가 깨끗하고 탄력이 있으므로 코바늘뜨기는 물론 편물기에도 모두 적합하다.
- **중세모사** : 가장 이용도가 높은 모사로서, 실용적인 것에 많이 이용되고 있다. 튼튼하고 뜨기 쉬우므로 특히 편물기에는 최적이다. 중세모사에는 되게 꼬은 것, 희끗희끗한 것, 곱슬마디가 있는 것 등 색다른 실도 있는데, 모두 화사한 느낌을 풍기므로 뜨개코에는 너무 구애되지 말고 단순한 것을 택하는 편이 좋다.
- **준태모사** : 중세모사보다 굵은 실로서 실용도가 높다. 실이 굵기 때문에 대바늘뜨기로도 능률적으로 뜰 수 있으며, 또 편물기로도 뜰 수 있다. 두텁고 튼튼한 뜨개감이 되므로 스포티한 것, 방한용 등에 알맞다.
- **극태모사 · 초극태모사** : 극태모사는 준태모사보다 굵은 모사이며, 초극태모사는 극태모사보다 굵은 실이다. 초극태모사는 메이커에 따라 굵기가 다르며, 상당히 굵은 것도 있다.

* 시중에서 실을 판매할 때에는 세사 · 준세사 · 중사로 판매하기 보단 3P · 4P · 5P · 7P · 8P · 10P · 12P … 등의 기호를 사용하여 실을 판매한다. 이 말은 세사들을 몇 겹으로 꼬아서 1올의 실을 만드는지를 나타내는 것으로, 숫자가 클수록 실이 두껍다고 보면 된다. 보통 사용되는 중세사 굵기의 실은 4P~5P 정도의 실이라고 생각하면 된다.

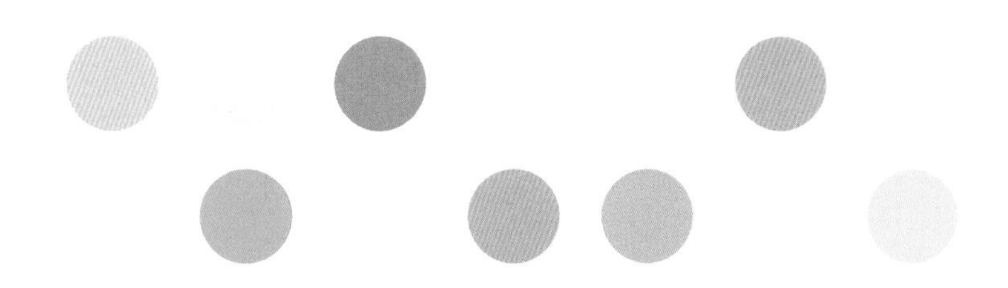

실의 성분에 따른 분류

- **캐시미어 :** 인도 카슈미르 지방의 염소 털로 만든 실이다. 부드럽고 보온성이 뛰어난 고급사지만 약하다는 결점이 있다. 용도는 볼레로처럼 위에 걸쳐 입는 여자용 재킷, 숄 · 머플러 등 화려한 느낌으로 뜨면 효과적이다.
- **앙고라 :** 앙고라 토끼털로 만든 실이다. 가볍고 부드러우며 보온성도 높아 값비싼 소재이다. 양모와 혼방하여 중세모사 굵기로 뽑은 모사가 편물용으로 나와 있다. 용도는 블라우스, 카디건, 볼레로 등의 드레시한 외출용에 적합하다.
- **모헤어 :** 앙고라 염소털로 만든 실이다. 털이 길고 광택이 있다. 털이 서로 얽히기 때문에 특히 메리야스뜨기 등 단순한 뜨개코 편물에 효과적이다. 용도는 카디건, 숄, 재킷 등에 적합하다.
- **링이 있는 실 :** 링이 작은 실과 링이 큰 실이 있다. 링이 작은 실은 기계에 걸리지만, 링이 큰 실은 대바늘뜨기에 적당하며 링을 살려 단조로운 뜨개코로 한다. 용도는 작은 링의 경우은 풀오버, 카디건, 투피스 등에 사용되고, 코드에도 적합하다. 큰 것은 재킷, 코트, 숄, 모자 등에 알맞다.
- **마디가 있는 실 :** 균일하게 마디가 이는 실과 불규칙적으로 마디가 있는 실이 있다. 신축성이 약간 부족하기 때문에 극세모사나 중세모사 등 보통 실과 합사해서 뜨면 입는데 편하다. 용도는 투피스, 원피스, 코트 등 화사한 옷에 많이 사용된다.

코바늘뜨기 코 기호

기호	이름	기호	이름
	사슬뜨기		1길 긴뜨기 3코 방울뜨기
	짧은뜨기		1길 긴뜨기 3코 구멍에 넣어 방울뜨기
	긴뜨기		1길 긴뜨기 5코 방울뜨기
	1길 긴뜨기		1길 긴뜨기 5코 구멍에 넣어 방울뜨기
	2길 긴뜨기		1길 긴뜨기 5코 팝콘뜨기
	3길 긴뜨기		1길 긴뜨기 5코 구멍에 넣어 팝콘뜨기
	4길 긴뜨기		1길 긴뜨기 5코 모아뜨기
	사슬 3코 피코뜨기		1코에 1길 긴뜨기 2코 떠넣기
	사슬 3코 빼뜨기 피코		구멍에 1길 긴뜨기 2코 떠넣기
	1길 긴뜨기 2코 모아뜨기		1코에 1길 긴뜨기 3코 떠넣기
	1길 긴뜨기 2코 구멍에 넣어 방울뜨기		구멍에 1길 긴뜨기 3코 떠넣기
	1길 긴뜨기 3코 모아뜨기		1코에 1코 간격 1길 긴뜨기 2코뜨기

기호	이름	기호	이름
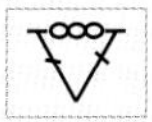	1코에 3코 간격 1길 긴뜨기 2코뜨기		1길 긴뜨기 안으로 걸어뜨기
	1코에 1길 긴뜨기 4코뜨기	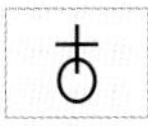	7보뜨기
	구멍에 1길 긴뜨기 5코뜨기		긴뜨기 3코 방울뜨기
	1코에 1길 긴뜨기 5코 부채모양 뜨기		긴뜨기 3코 2단 방울뜨기
	구멍에 1길 긴뜨기 5코 부채모양 뜨기		이중 방울뜨기
	1코에 1길 긴뜨기 1코 간격 4코뜨기 (셀뜨기)		1코 간격 Y자 뜨기
	구멍에 1길 긴뜨기 2코 간격 6코뜨기 (셀뜨기)		2코 간격 X자 뜨기
	1길 긴뜨기 겉으로 걸어뜨기		거꾸로 Y자 뜨기

코바늘 뜨는 방법

1 ○ 사슬뜨기

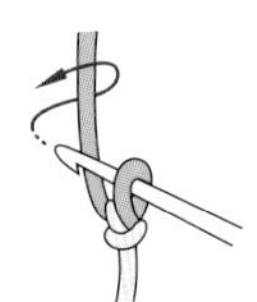

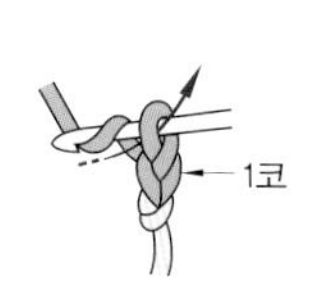

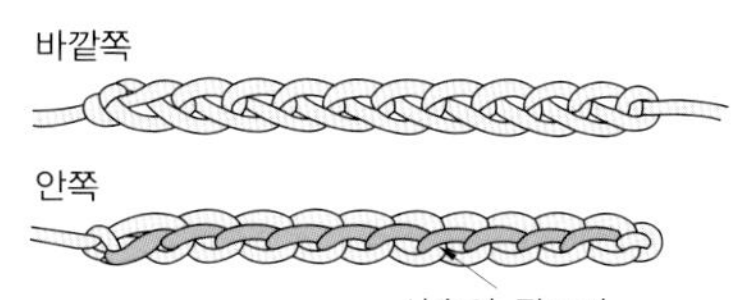

❶ 화살표 방향으로 바늘에 실을 감는다.

❷ 고리의 중심으로 실을 꺼낸다.

❸ 실을 걸어서 2코를 뜬다.

❹ 시작코는 1코로 세지 않는다.

❺ 사슬뜨기 코의 바깥쪽과 안쪽이다. 사슬뜨기 코 만들기에서 코를 주울 때 보통 사슬의 뒷고리에서 1개씩 줍는다.

2 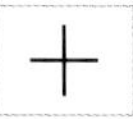 짧은뜨기

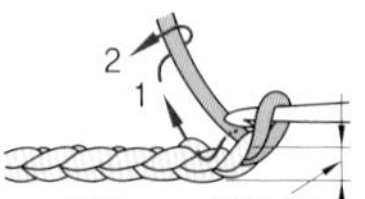

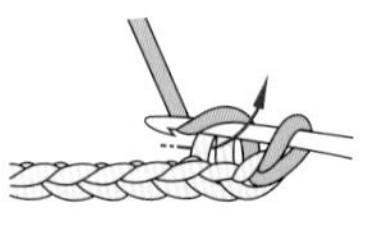

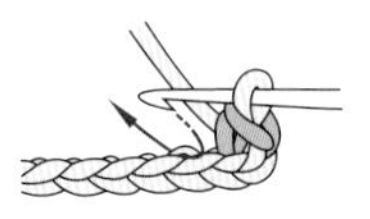

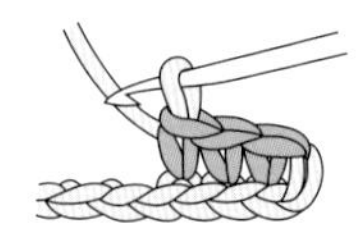

❶ 사슬 1코를 세워서 2코째 뒷고리에 바늘을 넣는다.

❷ 바늘에 실을 걸어서 화살표와 같이 빼낸다.

❸ 한번 더 실을 걸어서 2개의 고리를 한번에 빼낸다.

❹ 짧은뜨기 1코를 뜬다.

❺ ❶~❸을 반복하면 짧은뜨기 3코가 떠진다.

3  긴뜨기

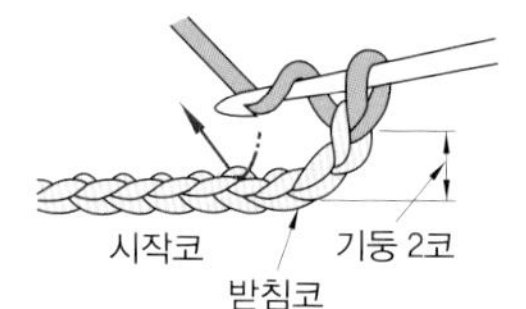

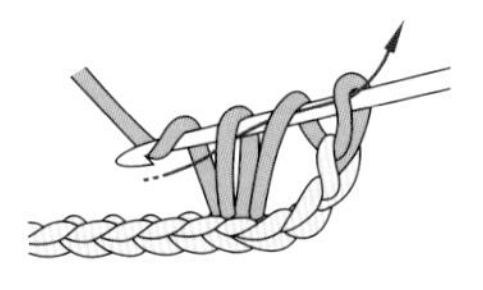

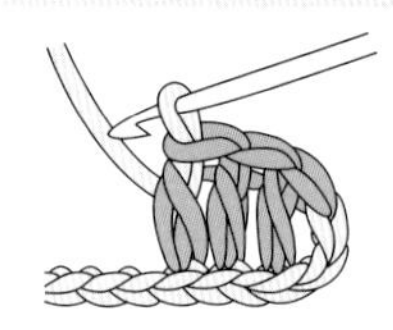

❶ 사슬 2코를 기둥으로 하여 바늘에 실을 감아 바늘에서 4번째 사슬의 뒷고리에 바늘을 넣는다.

❷ 실을 걸어서 고리를 빼내고, 3개의 고리를 한번에 빼낸다.

❸ 긴뜨기 1코를 완성한 후, 다음 코를 화살표 위치에 넣어 뜬다.

❹ 기둥을 1코로 셀 수 있으므로 긴뜨기 4코가 된다.

4  1길 긴뜨기

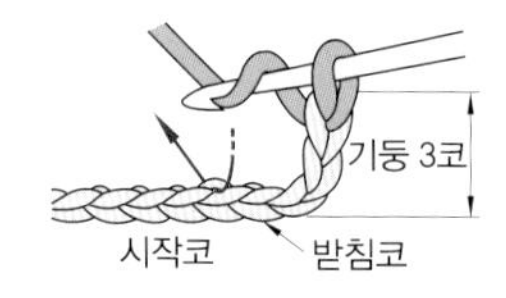

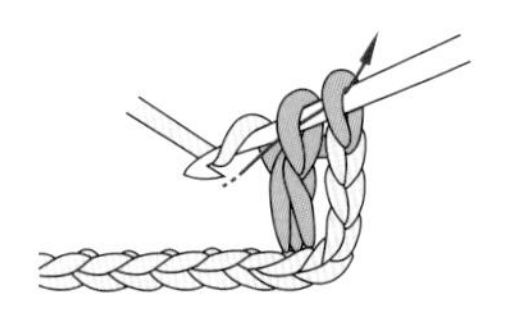

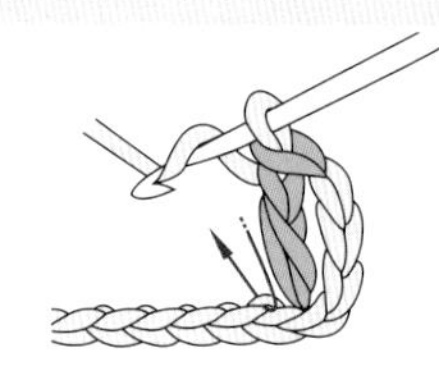

❶ 사슬 3코로 기둥을 세우고 바늘에 실을 감아 5코째 사슬 뒷고리에 넣는다.

❷ 실을 빼내서 다시 실을 걸어 고리 2개만 빼낸다.

❸ 한번 더 실을 걸어서 나머지 2개를 빼낸다.

❹ 1길 긴뜨기가 완성되면 다음 코에도 ❶~❸을 반복한다.

5

2길 긴뜨기

기둥 4코
시작코
받침코

❶ 바늘에 실을 2번 감아 6번째 코 뒷고리에 넣는다.

❷ 실을 빼면서 화살표와 같이 2개만 빼낸다.

❸ 다시 실을 화살표와 같이 2개씩 빼낸다.

❹ 다시 한번 실을 걸어서 나머지 2개를 빼낸다.

❺ 2길 긴뜨기가 완성되면 ❶~❹를 다시 반복한다.

6

3길 긴뜨기

기둥 5코
시작코
받침코

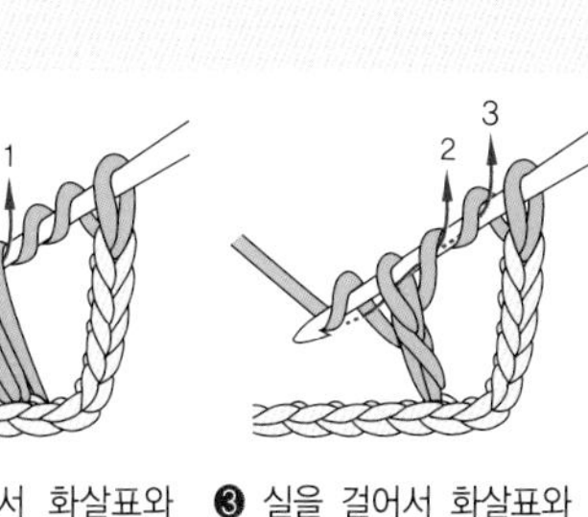

❶ 바늘에 실을 3번 감아서 7번째 사슬코 뒷고리에 넣는다.

❷ 실을 빼면서 화살표와 같이 2개 고리를 빼낸다.

❸ 실을 걸어서 화살표와 같이 2개씩 빼낸다.

❹ 마지막 2개를 빼내면 완성된다.

❺ 기둥을 1코로 셀 수 있으므로 4코가 된다.

7

4길 긴뜨기

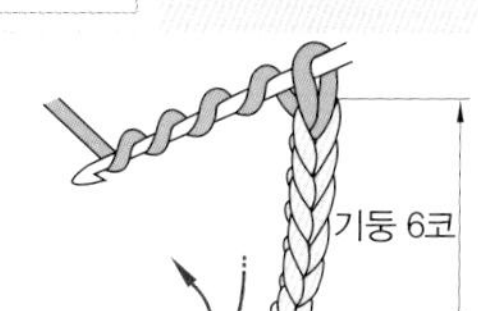

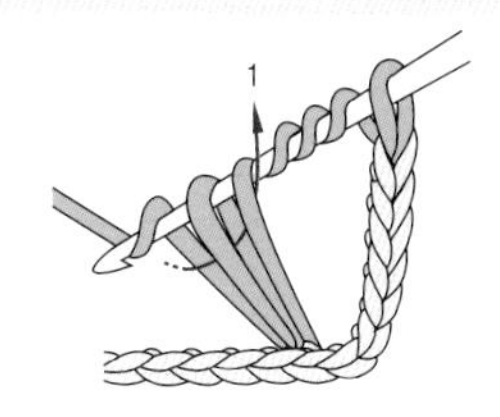

❶ 바늘에 실을 4번 감아서 8번째 사슬코 뒷고리에 넣는다.

❷ 고리를 빼내서 실을 걸고 또 2개를 빼낸다.

❸ 다음부터 실을 걸어서 2개를 빼내는 것을 4번 반복한다.

❹ 4길 긴뜨기 3코를 떴다. 기둥을 포함해서 4코가 된다.

8

사슬 3코 피코뜨기

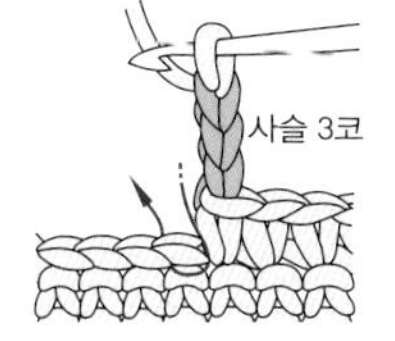

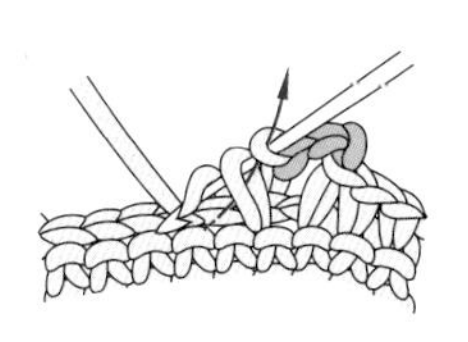

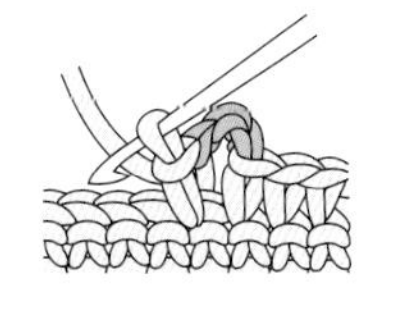

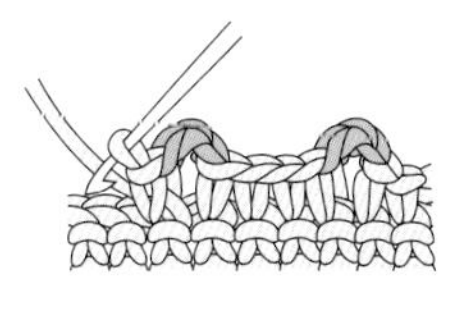

❶ 사슬 3코를 뜬 다음에 화살표와 같이 바늘을 넣는다.

❷ 바늘에 실을 걸어서 빼내고, 다시 실을 걸어서 짧은뜨기를 뜬다.

❸ 사슬 3코 피코뜨기 1개가 완성되었다.

❹ 4코 간격으로 2번째 피코뜨기가 완성되었다.

9

사슬 3코 빼뜨기 피코

❶ 사슬 3코를 뜨고, 짧은뜨기의 머리 반코와 발 하나에 화살표와 같이 바늘을 넣는다.

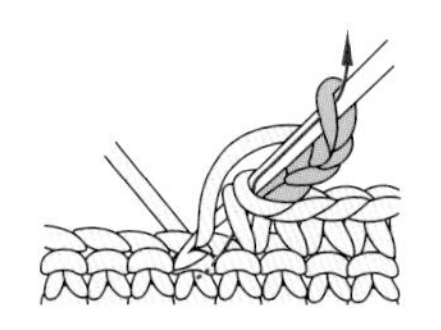

❷ 바늘에 실을 걸어 화살표처럼 한번에 빼낸다.

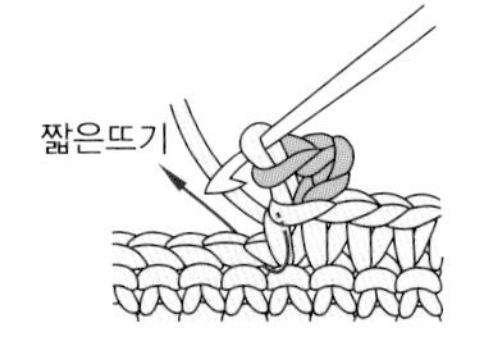

❸ 다음 코를 뜨면 빼뜨기 피코가 완성된다.

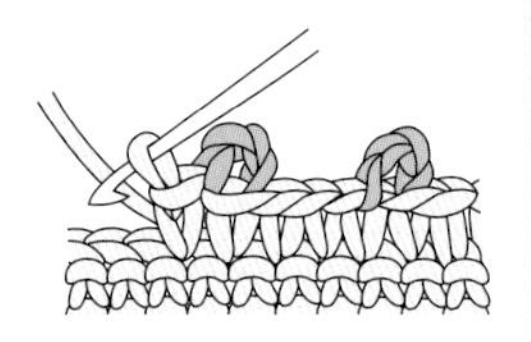

❹ 4코 간격을 두고 다음 피코를 뜨고 나서 짧은뜨기 1코를 뜬다.

10

1길 긴뜨기 2코 모아뜨기

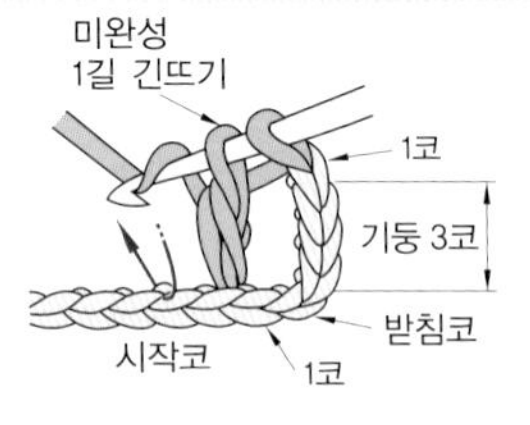

❶ 먼저 미완성 1길 긴뜨기를 1개 뜨고, 다음 코에도 같은 모양을 뜬다.

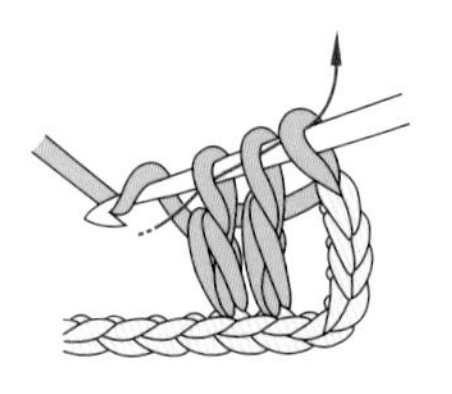

❷ 바늘에 걸려 있는 3개 고리를 한번에 빼낸다.

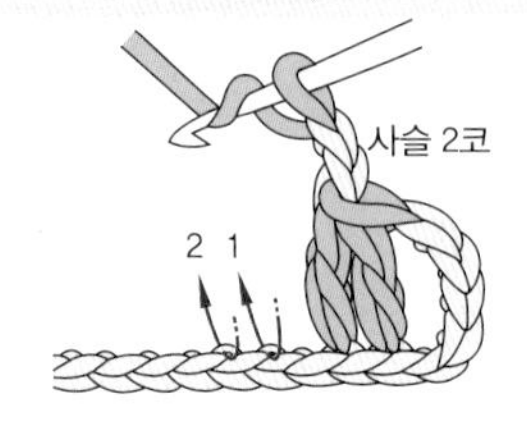

❸ 1길 긴뜨기 2코 모아뜨기를 완성한다. 다음은 화살표의 위치에서 뜬다.

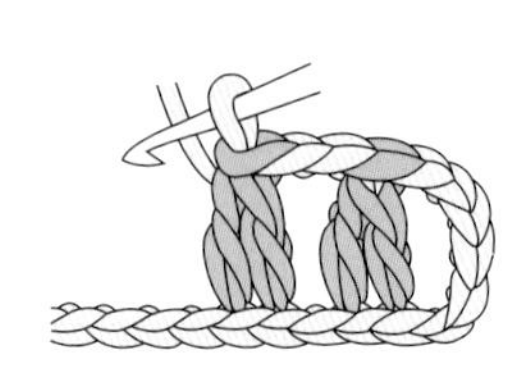

❹ 2개째 1길 긴뜨기 2코 모아뜨기가 완성되었다.

11

1길 긴뜨기 2코 구멍에 넣어 방울뜨기

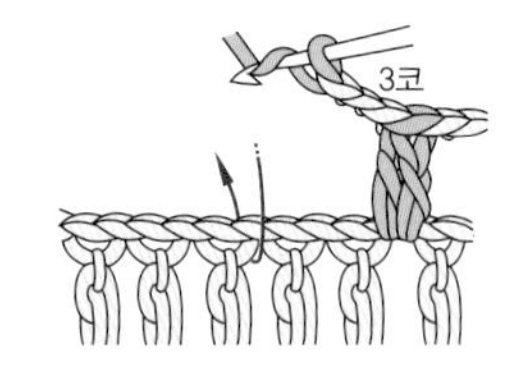

❶ 바늘에 실을 감아서 전단의 화살표 위치에 집어 넣는다.

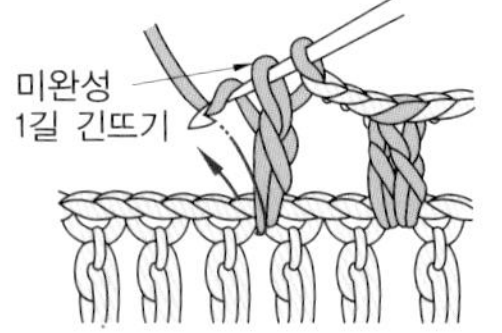

❷ 미완성 1길 긴뜨기를 같은 위치에 한번 더 반복한다.

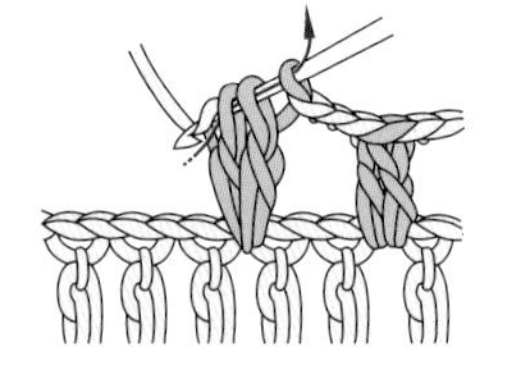

❸ 바늘에 실을 감아서 화살표와 같이 고리 3개를 한 번에 빼낸다.

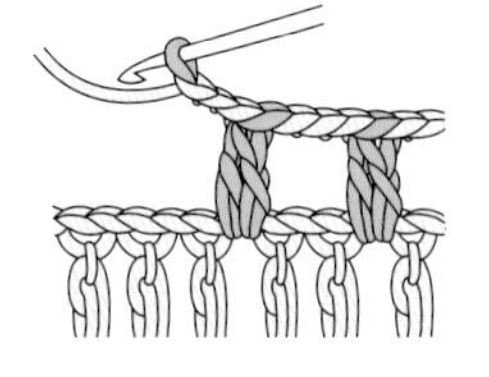

❹ 1길 긴뜨기 2코 방울뜨기를 하고, 사슬을 3코 떠서 계속한다.

12

1길 긴뜨기 3코 모아뜨기

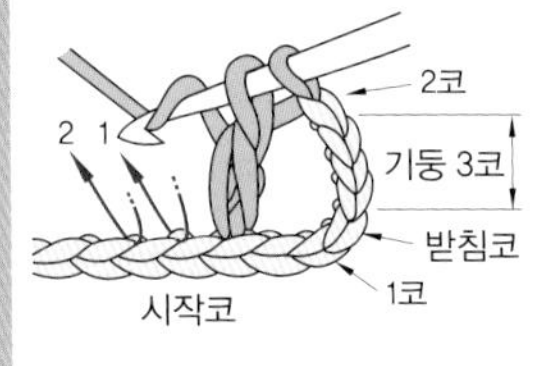

❶ 미완성 1길 긴뜨기를 1코 뜨고, 계속해서 화살표와 같이 2코 더 뜬다.

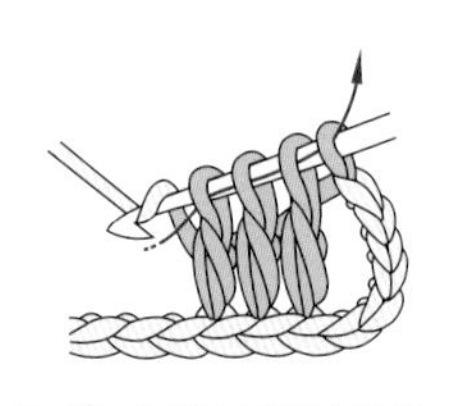

❷ 바늘에 실을 감아서 화살표와 같이 바늘에 걸린 4개 고리를 한번에 빼뜬다.

❸ 1길 긴뜨기 3코 모아뜨기가 완성되었다. 사슬 3코를 뜬 다음 화살표의 3코에 떠 넣는다.

❹ 2개가 완성되었다. 다음의 코를 뜨게 되면 처음 부분이 안정된다.

13

1길 긴뜨기 3코 방울뜨기

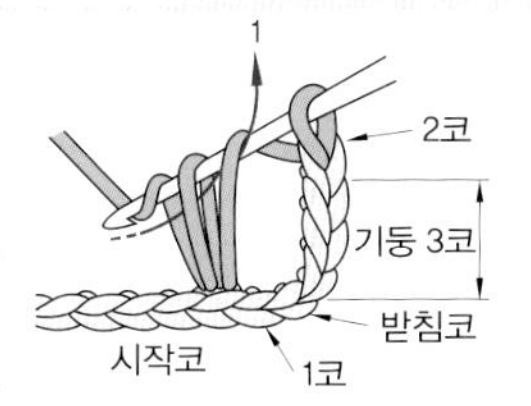

❶ 기둥은 사슬 3코이다. 먼저 미완성 1길 긴뜨기를 1코 뜬다.

❷ 같은 코에 바늘을 넣어서 미완성 1길 긴뜨기를 2코 뜬다.

❸ 바늘에 실을 걸어 화살표와 같이 고리 4개를 한번에 빼낸다.

❹ ❶~❸을 되풀이해서 1길 긴뜨기 3코 방울뜨기 2개가 완성되었다.

14

1길 긴뜨기 3코 구멍에 넣어 방울뜨기

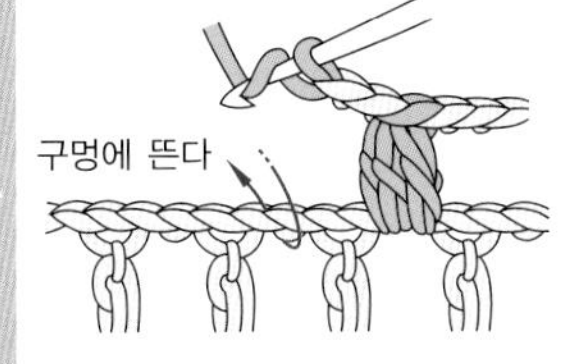

❶ 바늘에 실을 걸어 화살표 방향으로 넣어서 전단 구멍에 뜬다.

❷ 실을 빼서 고리 2개를 빼내고, 미완성 1길 긴뜨기를 1코 뜬다.

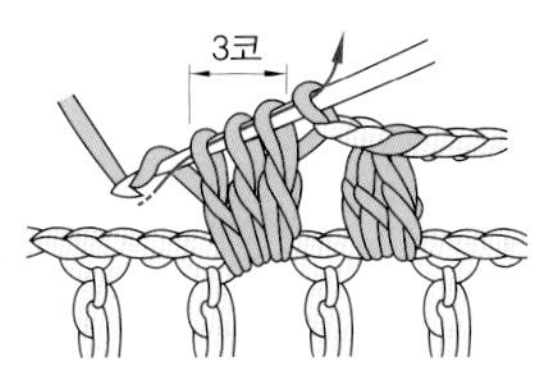

❸ 같은 위치에 다시 2코 떠서 4개 고리를 한번에 빼낸다.

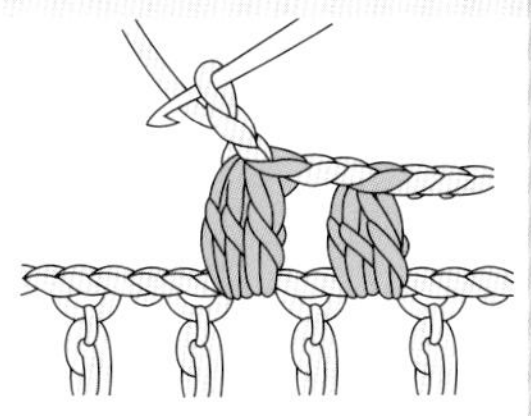

❹ ❶~❸을 반복하면 1길 긴뜨기 3코 방울뜨기 2개가 완성된다.

15

1길 긴뜨기 5코 방울뜨기

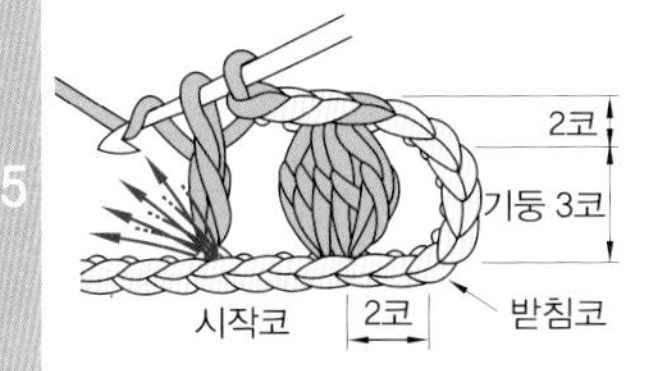

❶ 바늘에 실을 감아서 화살표가 표시된 코에 미완성 1길 긴뜨기를 1코 뜬다.

❷ 같은 코에 4번 더 바늘을 넣어서 미완성 1길 긴뜨기를 4코 떠넣는다.

❸ 바늘에 걸려 있는 6개의 고리를 한번에 빼낸다.

❹ 사슬뜨기 3코를 떠서 ❶~❸을 반복한다. 1길 긴뜨기 5코 방울뜨기를 2개 완성하였다.

16

1길 긴뜨기 5코 구멍에 넣어 방울뜨기

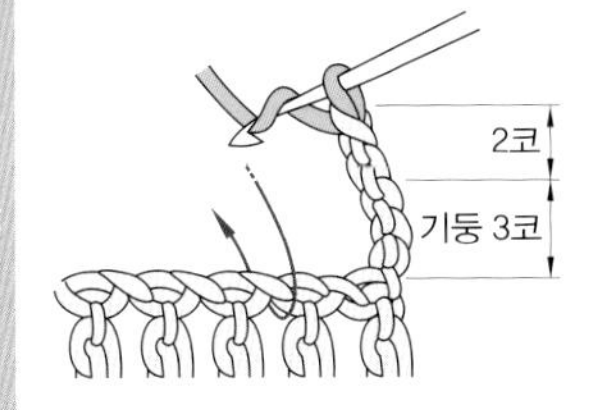

❶ 바늘에 실을 감아 화살표 위치에 넣는다.

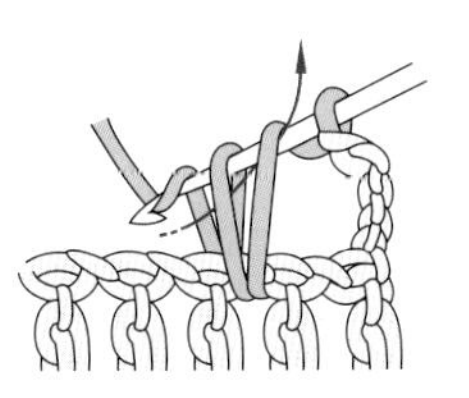

❷ 실을 걸어서 고리 2개만 빼내어 미완성 1길 긴뜨기를 뜬다.

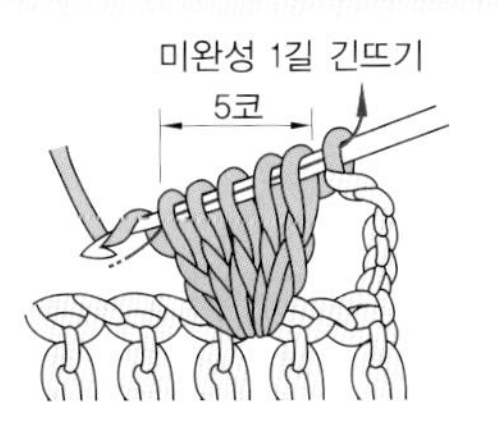

❸ 같은 위치에 바늘을 넣어서 미완성 1길 긴뜨기를 4코 더 뜬다.

❹ 6개 고리를 한번에 빼내서 방울뜨기를 완성한다.

17

1길 긴뜨기 5코 팝콘뜨기

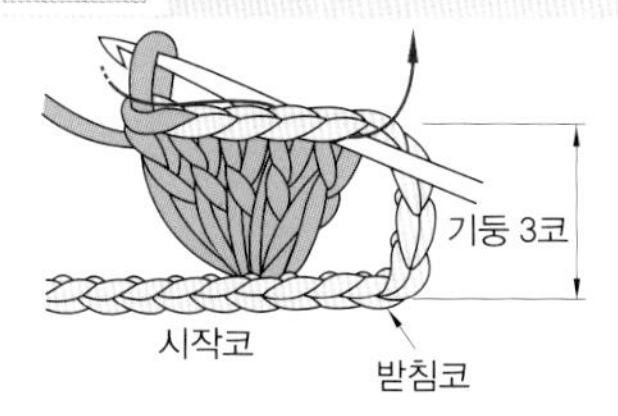

❶ 같은 코에 1길 긴뜨기 5코를 뜨고, 일단 바늘을 바꾸어 1길 긴뜨기 첫번째 코에 집어 넣는다.

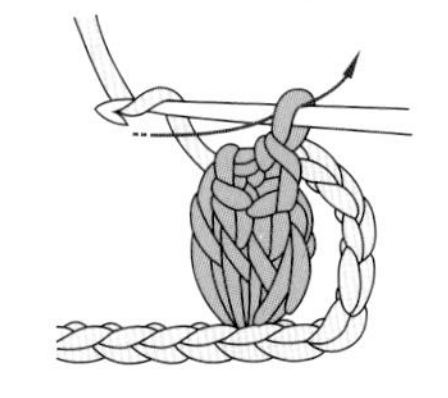

❷ 1길 긴뜨기 첫번째 코의 앞쪽으로 빼내어 다시 사슬뜨기를 해서 잡아당긴다.

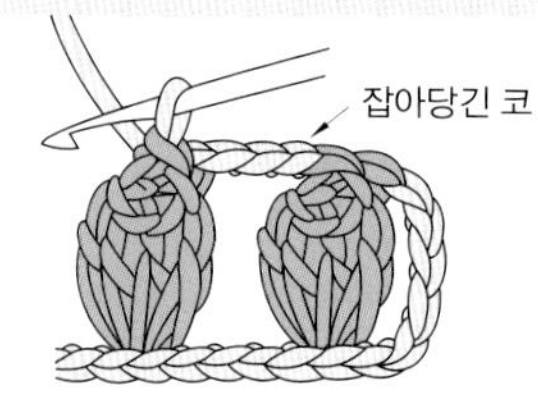

❸ 1길 긴뜨기 5코 팝콘뜨기 2개가 완성되었다.

18

1길 긴뜨기 5코 구멍에 넣어 팝콘뜨기

❶ 바늘에 실을 감아서 화살표의 위치에 넣고 실을 건다.

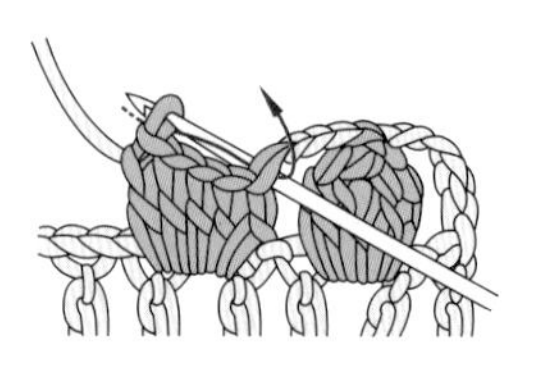

❷ 1길 긴뜨기 5코를 뜨고, 바늘을 바꾸어 1길 긴뜨기 첫번째 코에 집어 넣는다.

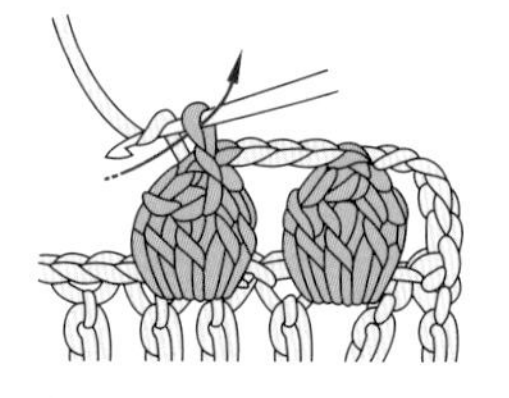

❸ 고리를 첫번째 코의 머리부분에 빼내고, 다시 사슬뜨기 1코를 잡아당긴다.

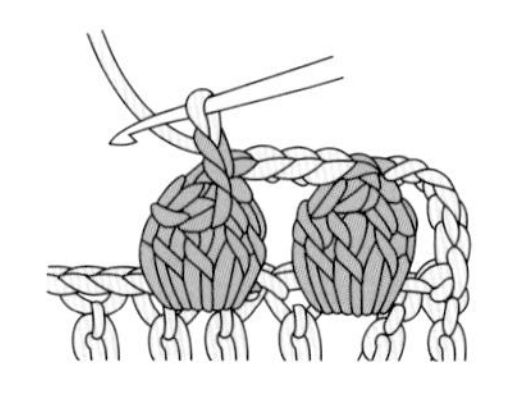

❹ 구멍에 넣어 뜨는 팝콘뜨기 2개가 완성되었다.

19

1길 긴뜨기 5코 모아뜨기

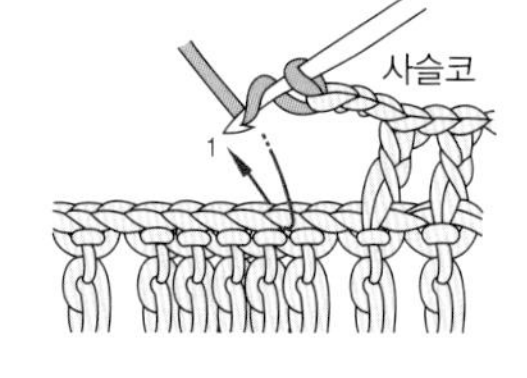

❶ 화살표 위치에 바늘을 넣고 실을 걸어서 고리를 2개만 빼낸다.

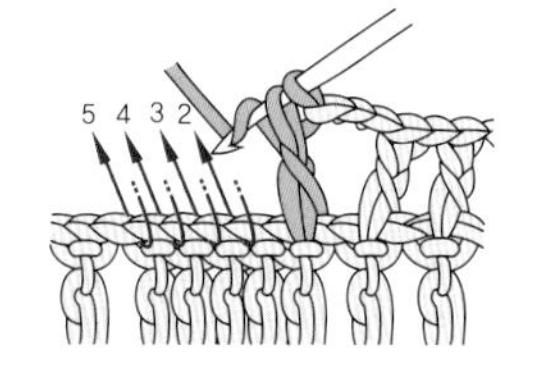

❷ 화살표 위치에 바늘을 넣어서 ❶과 같은 모양으로 미완성 1길 긴뜨기를 4코 더 뜬다.

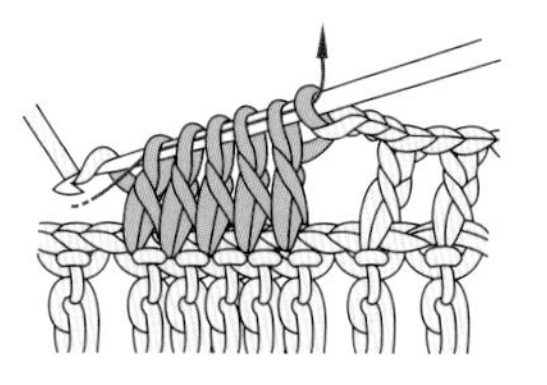

❸ 바늘에 실을 감아 걸려 있는 6개 고리를 한번에 빼낸다.

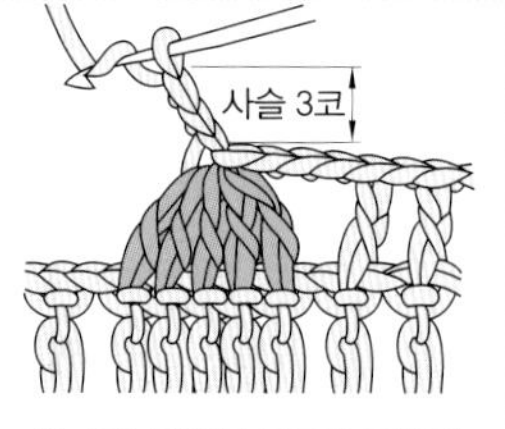

❹ 1길 긴뜨기 5코를 한번에 뜨고, 사슬뜨기 3코를 떠서 다음 단계를 계속한다.

20

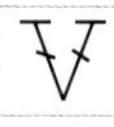

1코에 1길 긴뜨기 2코 떠넣기

❶ 먼저 1길 긴뜨기를 1코 뜨고, 같은 코에 화살표와 같이 바늘을 넣는다.

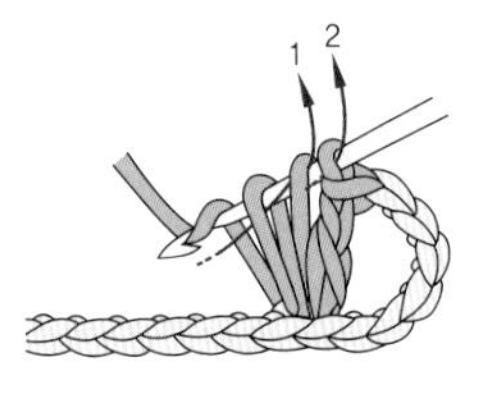

❷ 바늘에 실을 감아 고리를 2개씩 빼내어 1길 긴뜨기를 뜬다.

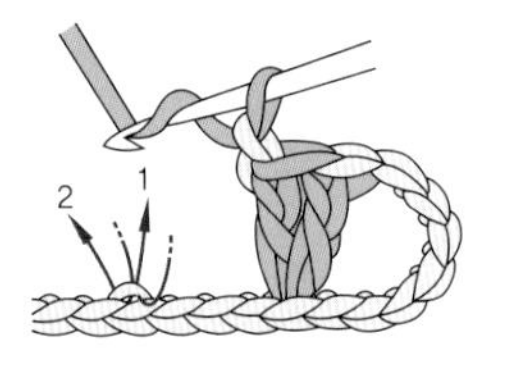

❸ 1코에 1길 긴뜨기 2코 떠넣기 1개가 완성되었다.

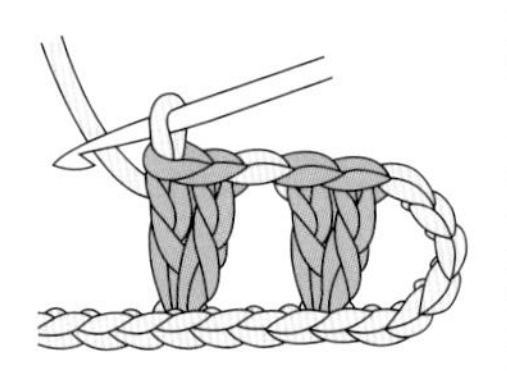

❹ 사슬 1코의 간격을 두고 2개째 뜬 것이다.

21

구멍에 1길 긴뜨기 2코 떠넣기

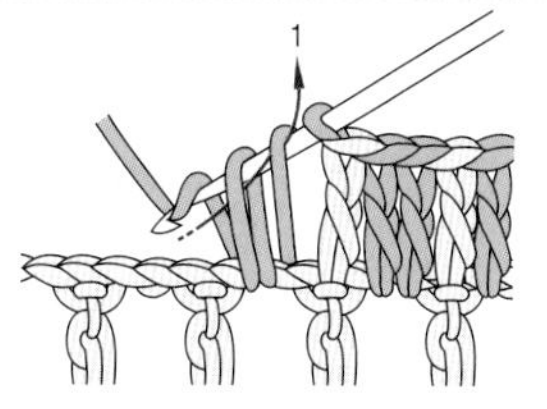

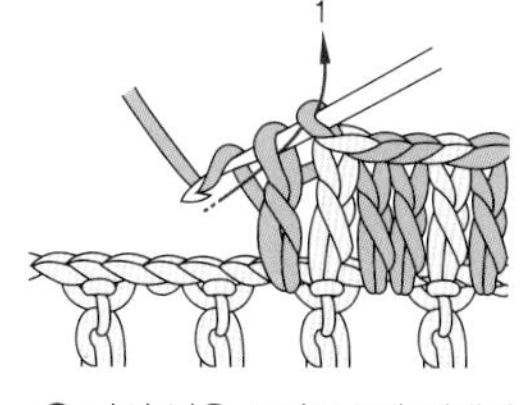

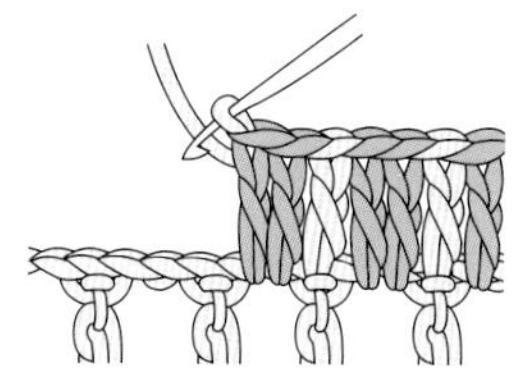

❶ 바늘에 실을 감아서 전단의 화살표 위치에 넣는다.

❷ 실을 걸어서 빼내고, 화살표와 같이 고리를 2개만 빼낸다.

❸ 다시 남은 고리도 2개 빼내서 1길 긴뜨기 1코를 뜬다.

❹ 같은 위치에 1코 더 떠넣으면 구멍에 뜬 1길 긴뜨기 2코가 완성된다.

22

1코에 1길 긴뜨기 3코 떠넣기

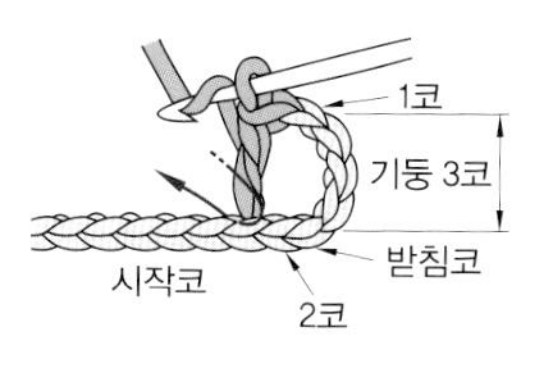

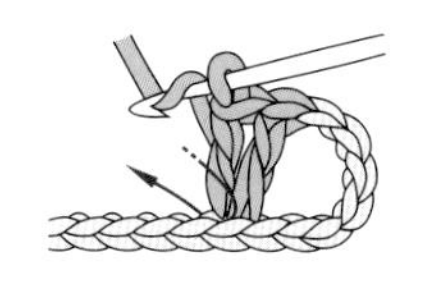

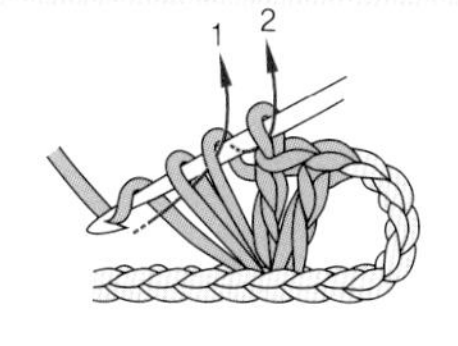

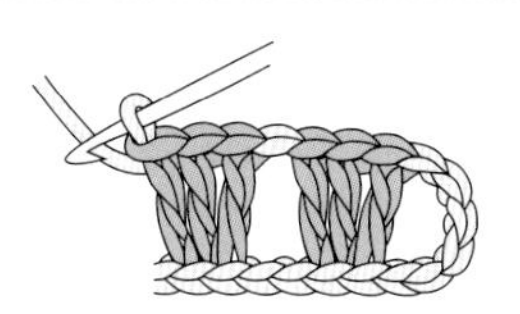

❶ 1길 긴뜨기를 1코 떠서 같은 코에 바늘을 넣어 다시 1코를 뜬다.

❷ 바늘에 실을 감아서 한번 더 같은 위치에 넣는다.

❸ 고리를 빼내서 1길 긴뜨기를 뜨고, 1코에 3코를 떠넣어 완성한다.

❹ 사슬 1코의 간격을 두고 2개가 완성되었다.

23

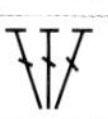

구멍에 1길 긴뜨기 3코 떠넣기

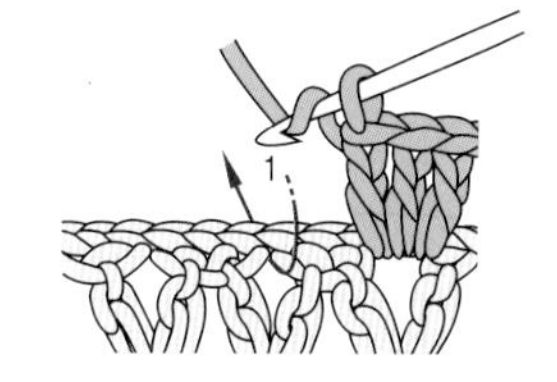

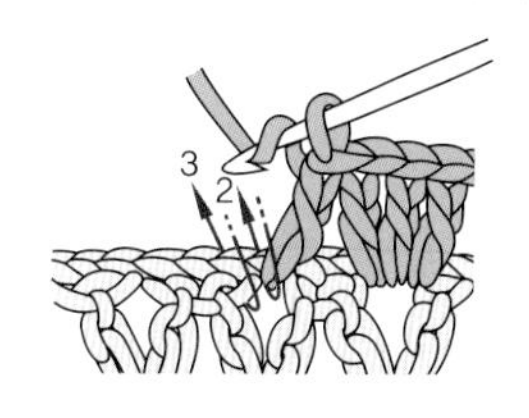

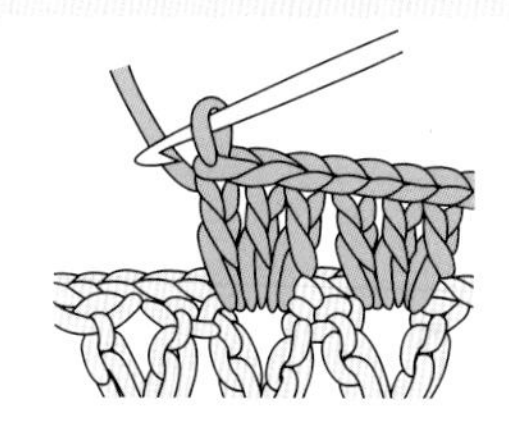

❶ 바늘에 실을 감아서 화살표와 같이 전단의 구멍에 넣어 뜬다.

❷ 1길 긴뜨기 1코를 뜨고, 같은 위치에 바늘을 넣어 2코를 더 뜬다.

❸ 구멍에 1길 긴뜨기 3코 떠넣기 2개가 완성되었다.

24

1코에 1코 간격 1길 긴뜨기 2코뜨기

❶ 사슬 3코로 기둥을 세우고, 받침코에서부터 2번째 코 뒷고리에 1길 긴뜨기를 1코 뜬다.

❷ 사슬을 1코 뜨고 1길 긴뜨기를 뜬 같은 위치에 바늘을 집어 넣는다.

❸ 고리를 빼내고 실을 걸어 2개씩 빼내면 완성된다.

❹ 사슬 2코 간격으로 1코에 1코 간격 1길 긴뜨기 2코뜨기 2개가 완성되었다.

25

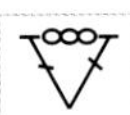

1코에 3코 간격 1길 긴뜨기 2코뜨기

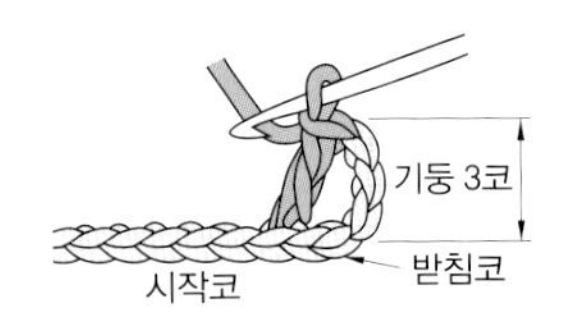

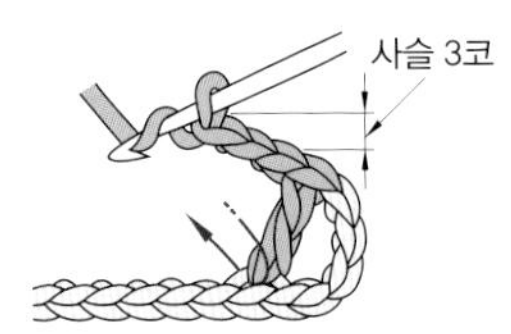

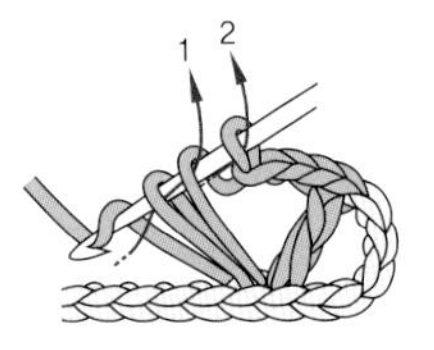

❶ 사슬 3코로 기둥을 세우고, 받침코에서부터 3번째 코에 1길 긴뜨기를 1코 뜬다.

❷ 사슬 3코를 뜨고, 1길 긴뜨기와 같은 위치에 화살표와 같이 바늘을 넣는다.

❸ 고리를 빼내어 실을 걸어서 2개씩 빼낸다.

❹ 사이에 사슬 3코를 넣은 1길 긴뜨기 2코가 완성되었다.

26

1코에 1길 긴뜨기 4코뜨기

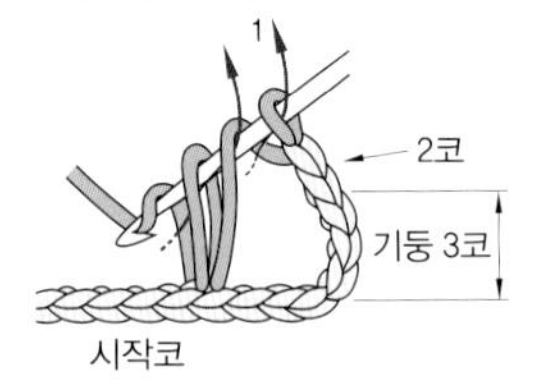

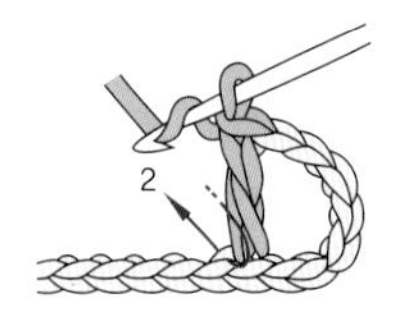

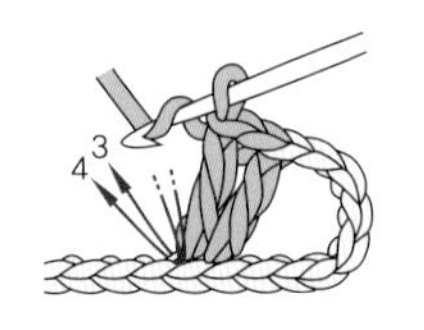

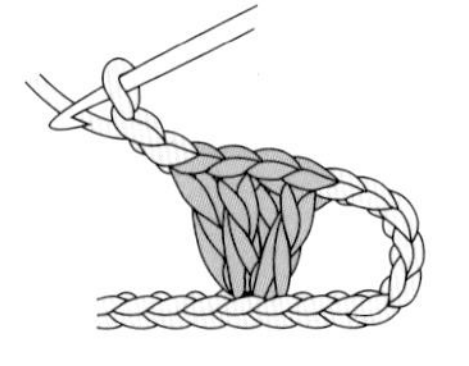

❶ 사슬 3코로 기둥을 세우고, 받침코에서 4번째 코에 바늘을 넣어서 1길 긴뜨기를 뜬다.

❷ 실을 감아서 1길 긴뜨기와 같은 코에 바늘을 넣어 1코 더 뜬다.

❸ 실을 감아서 같은 위치에 바늘을 넣어 2코 더 뜬다.

❹ 1코에 1길 긴뜨기를 4코 떠넣으면 완성된다.

27

구멍에 1길 긴뜨기 5코뜨기

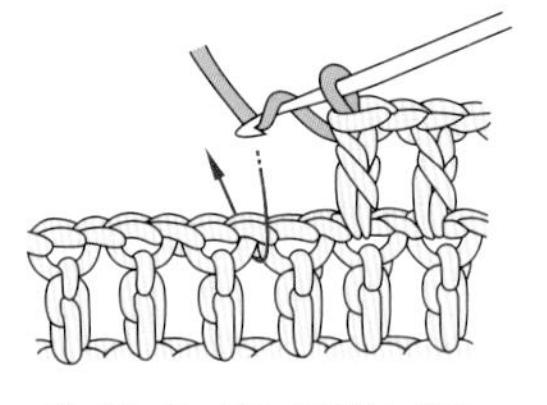

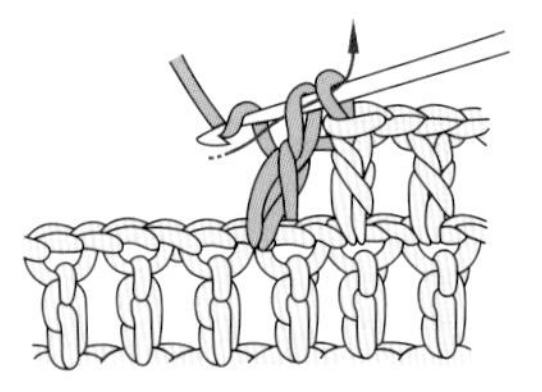

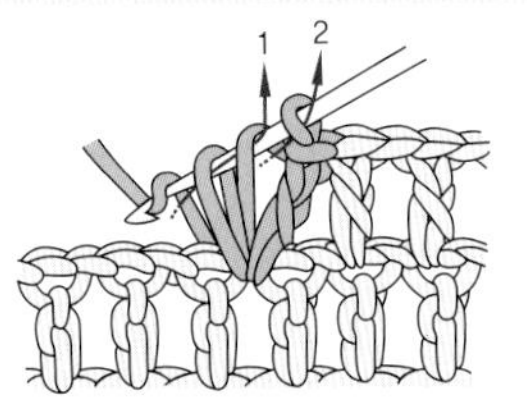

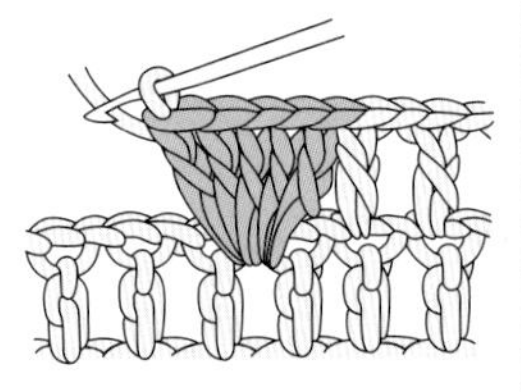

❶ 바늘에 실을 걸어서 화살표와 같이 전단의 구멍에 집어 넣는다.

❷ 바늘에 실을 걸어서 빼내고, 고리 2개씩 빼내어 1길 긴뜨기를 1코 뜬다.

❸ 전단의 같은 위치에 바늘을 넣어 1길 긴뜨기를 1코 더 뜬다.

❹ 1길 긴뜨기 5코를 구멍에 넣어 뜨면 완성된다.

28

1코에 1길 긴뜨기 5코 부채모양 뜨기

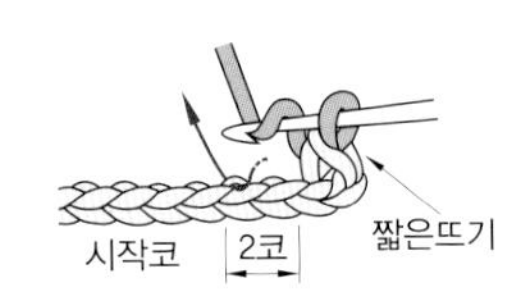

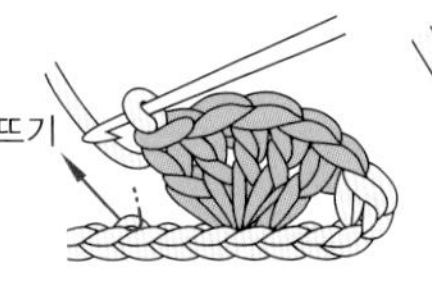

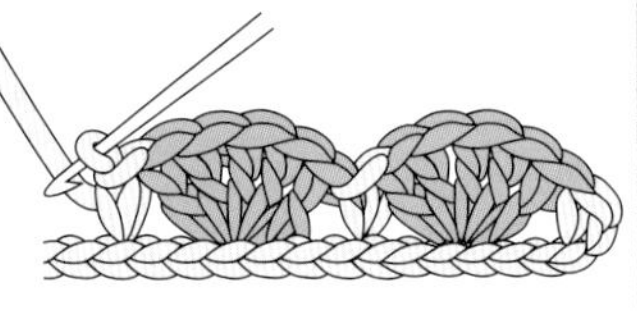

❶ 짧은뜨기를 1코 뜨고, 바늘에 실을 감아서 3번째 코에 넣는다.

❷ 실을 빼내서 고리 2개씩 빼내어 1길 긴뜨기를 뜬다.

❸ 같은 코에 4코 더 뜨고, 3번째 코에 짧은뜨기를 뜬다.

❹ 1길 긴뜨기를 5코 떠 넣은 부채 모양 뜨기 2개가 완성되었다.

구멍에 1길 긴뜨기 5코 부채모양 뜨기

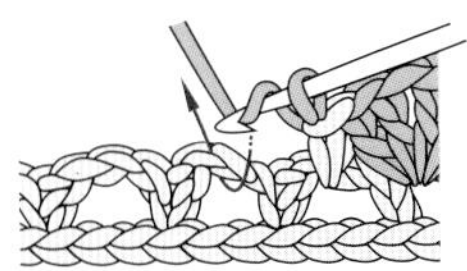

❶ 짧은뜨기를 1코 뜨고, 바늘에 실을 감아서 전단 고리에 넣는다.

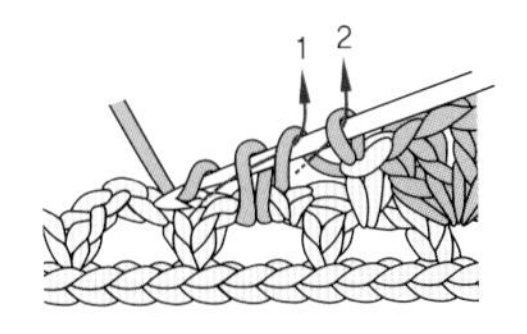

❷ 실을 빼내서 화살표와 같이 2개씩 빼내어 1길 긴뜨기를 뜬다.

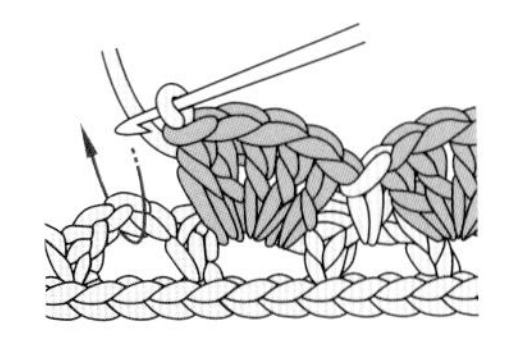

❸ 같은 위치에 바늘을 넣은 후 4코 뜨고, 다시 화살표 위치에 넣는다.

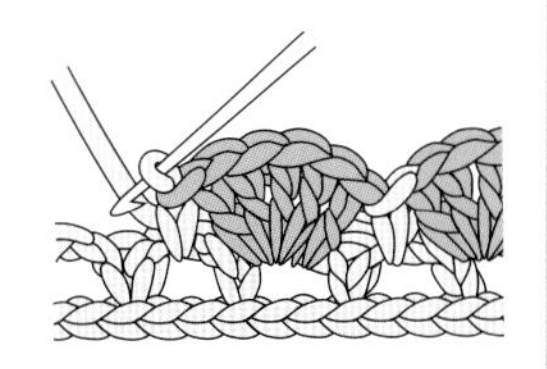

❹ 짧은뜨기를 하고 1길 긴뜨기 5코를 구멍에 넣어 뜨면 부채모양 뜨기가 완성된다.

1코에 1길 긴뜨기 1코 간격 4코뜨기(셸뜨기)

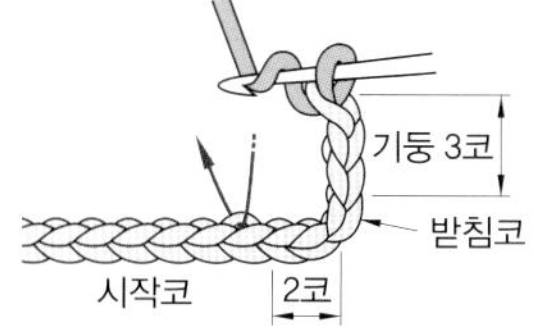

❶ 사슬뜨기 3코로 기둥을 세우고, 바늘에 실을 감아서 받침코에서 3번째 코에 넣는다.

❷ 같은 코에 1길 긴뜨기를 2코 뜬다. 사슬뜨기를 1코 뜨고, 같은 위치에 바늘을 넣는다.

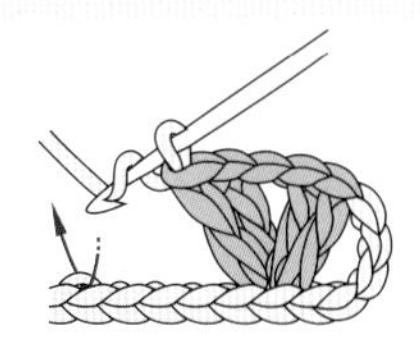

❸ 다시 1길 긴뜨기를 2코 뜨고, 사이에 사슬뜨기 1코를 넣어 뜨면 셸뜨기가 완성된다.

구멍에 1길 긴뜨기 2코 간격 6코뜨기(셸뜨기)

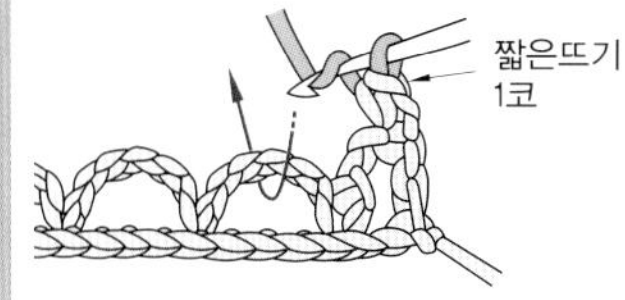

❶ 우선 짧은뜨기를 1코 뜨고, 전단의 고리에 바늘을 넣는다.

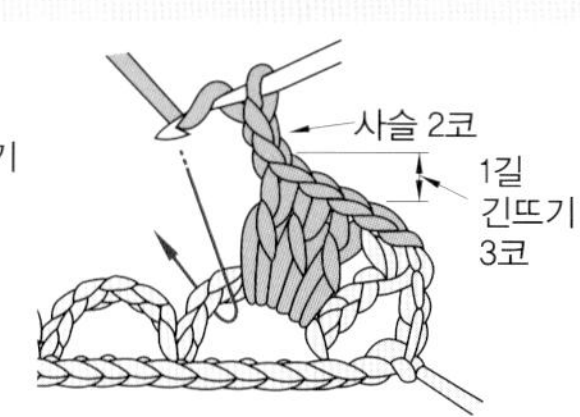

❷ 같은 위치에 바늘을 넣어서 1길 긴뜨기를 3코 뜨고, 다음에 사슬뜨기를 2코 뜬다.

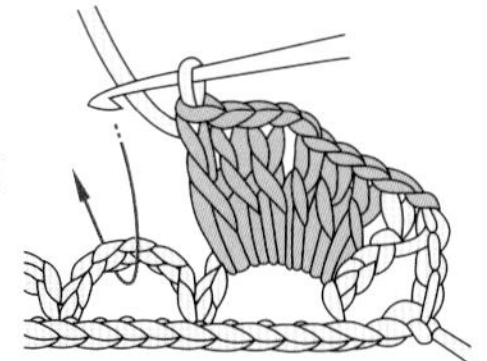

❸ 같은 위치에 다시 1길 긴뜨기를 3코 뜨고, 다음 고리에 바늘을 넣는다.

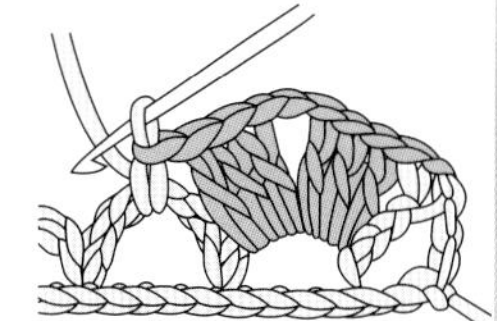

❹ 짧은뜨기 1코를 뜨고, 1길 긴뜨기(2코 간격) 6코를 구멍에 넣어 뜨면 셸뜨기가 완성된다.

1길 긴뜨기 겉으로 걸어뜨기

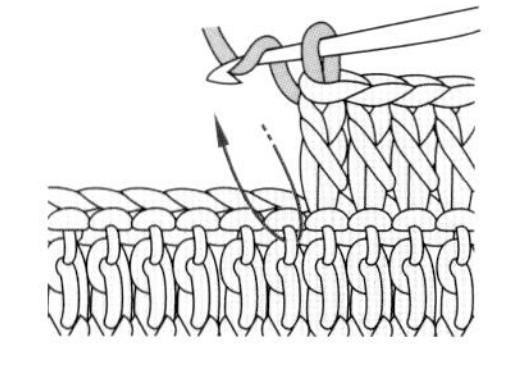

❶ 화살표와 같이 전단 코의 아래에 바깥쪽부터 바늘을 넣는다.

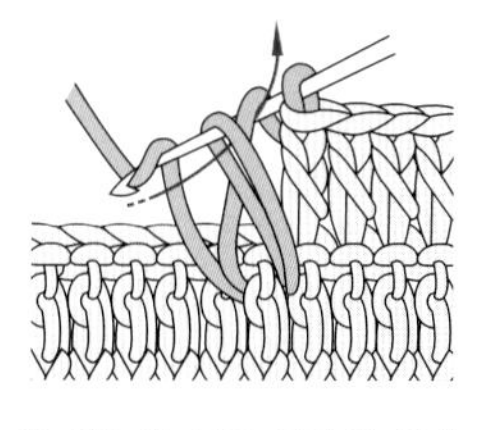

❷ 바늘에 실을 걸어서 길게 빼내어 고리 2개만 빼낸다.

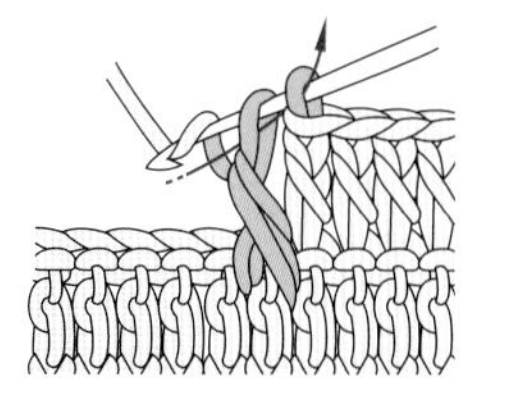

❸ 화살표와 같이 남은 고리 2개를 빼내서 1길 긴뜨기를 뜬다.

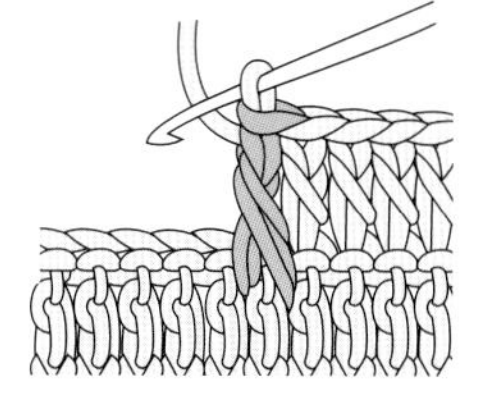

❹ 1길 긴뜨기 겉으로 코 빼뜨기가 완성되었다.

33 1길 긴뜨기 안쪽으로 걸어뜨기

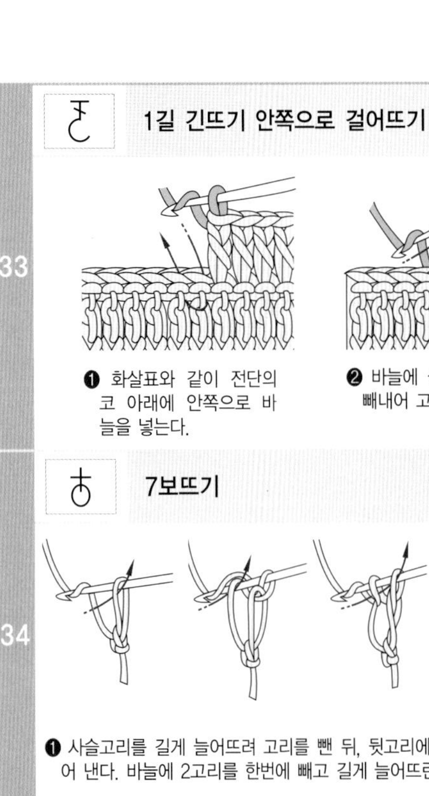

❶ 화살표와 같이 전단의 코 아래에 안쪽으로 바늘을 넣는다.

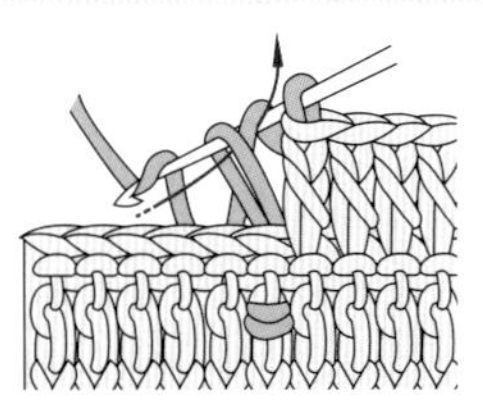

❷ 바늘에 실을 걸어서 길게 빼내어 고리 2개만 빼뜬다.

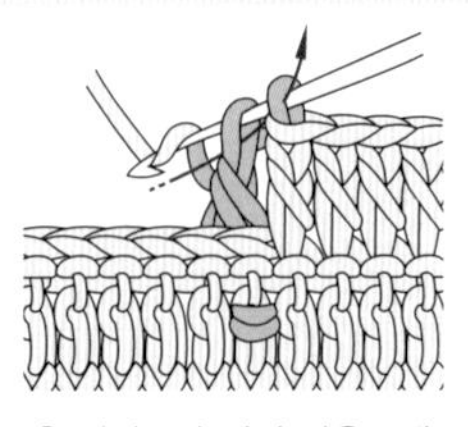

❸ 화살표와 같이 남은 2개의 고리를 빼내서 1길 긴뜨기를 뜬다.

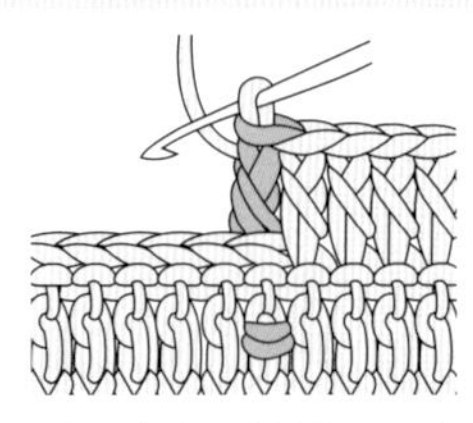

❹ 1길 긴뜨기 안쪽으로 걸어뜨기가 완성되었다.

34 7보뜨기

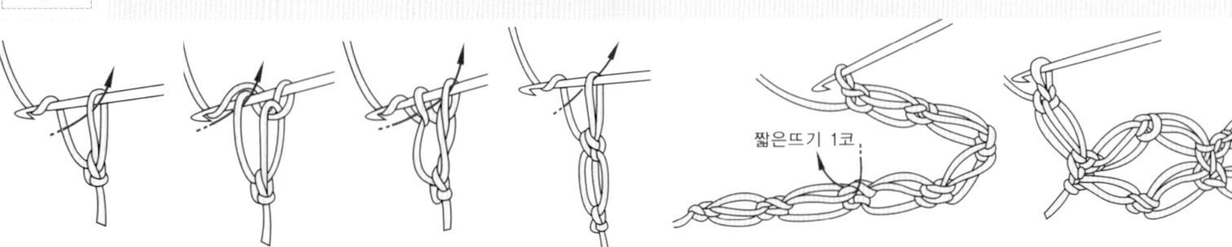

❶ 사슬고리를 길게 늘어뜨려 고리를 뺀 뒤, 뒷고리에 다시 실을 걸어 낸다. 바늘에 2고리를 한번에 빼고 길게 늘어뜨린다.

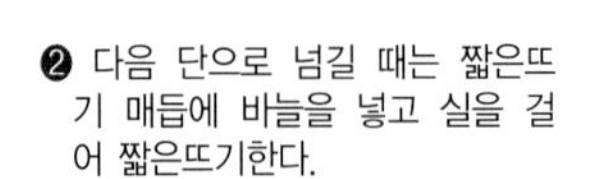

❷ 다음 단으로 넘길 때는 짧은뜨기 매듭에 바늘을 넣고 실을 걸어 짧은뜨기한다.

❸ ❶~❷를 반복해 동그란 고리를 만든다.

35 긴뜨기 3코 방울뜨기

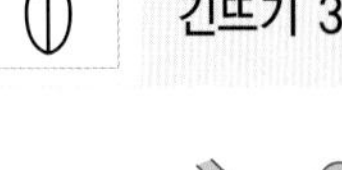

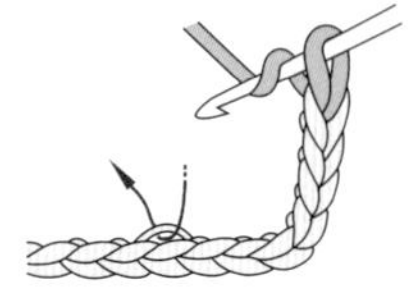

❶ 바늘에 실을 걸어서 화살표 위치에 넣고 실을 걸어 뺀다.

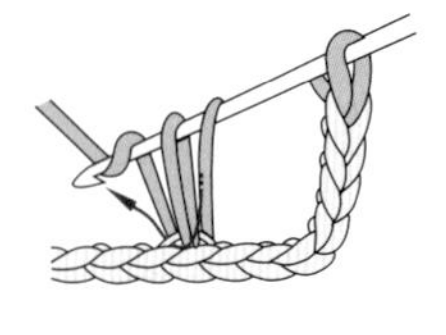

❷ 바늘에 실을 걸어서 화살표와 같이 같은 위치에 넣는다.

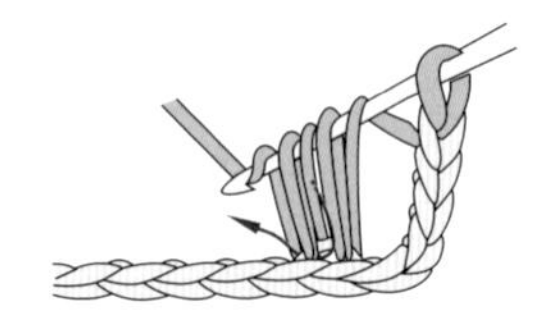

❸ ❶~❷를 1회 더 반복한다.

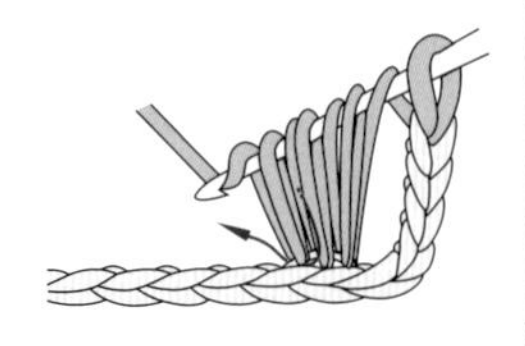

❹ 바늘에 걸린 7고리를 한꺼번에 뺀다.

36 긴뜨기 3코 2단 방울뜨기

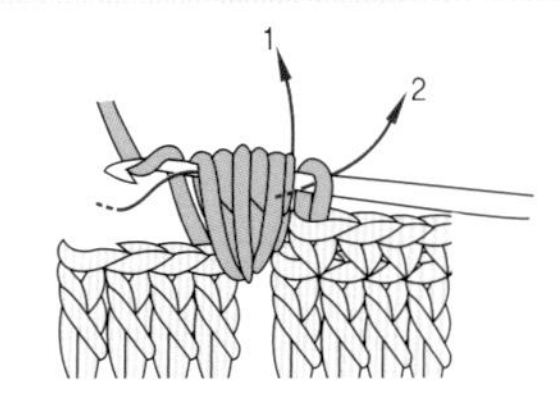

전단 구멍에 긴뜨기 3개를 걸어 준 뒤 1차로 7고리만 빼고, 2차로 나머지 2고리를 뺀다.

37 이중 방울뜨기

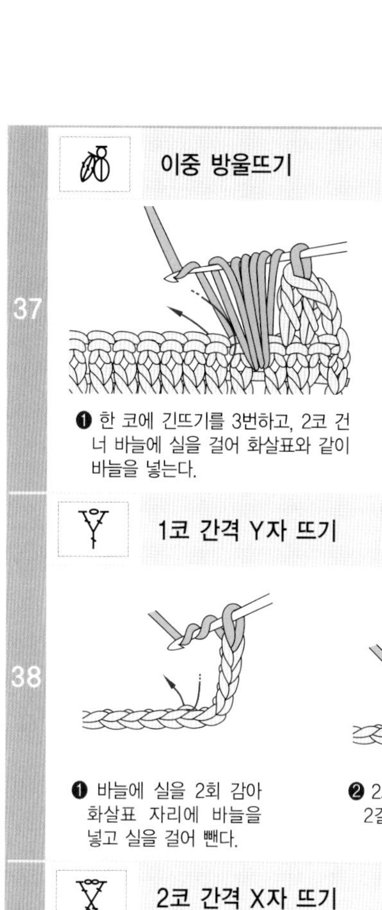

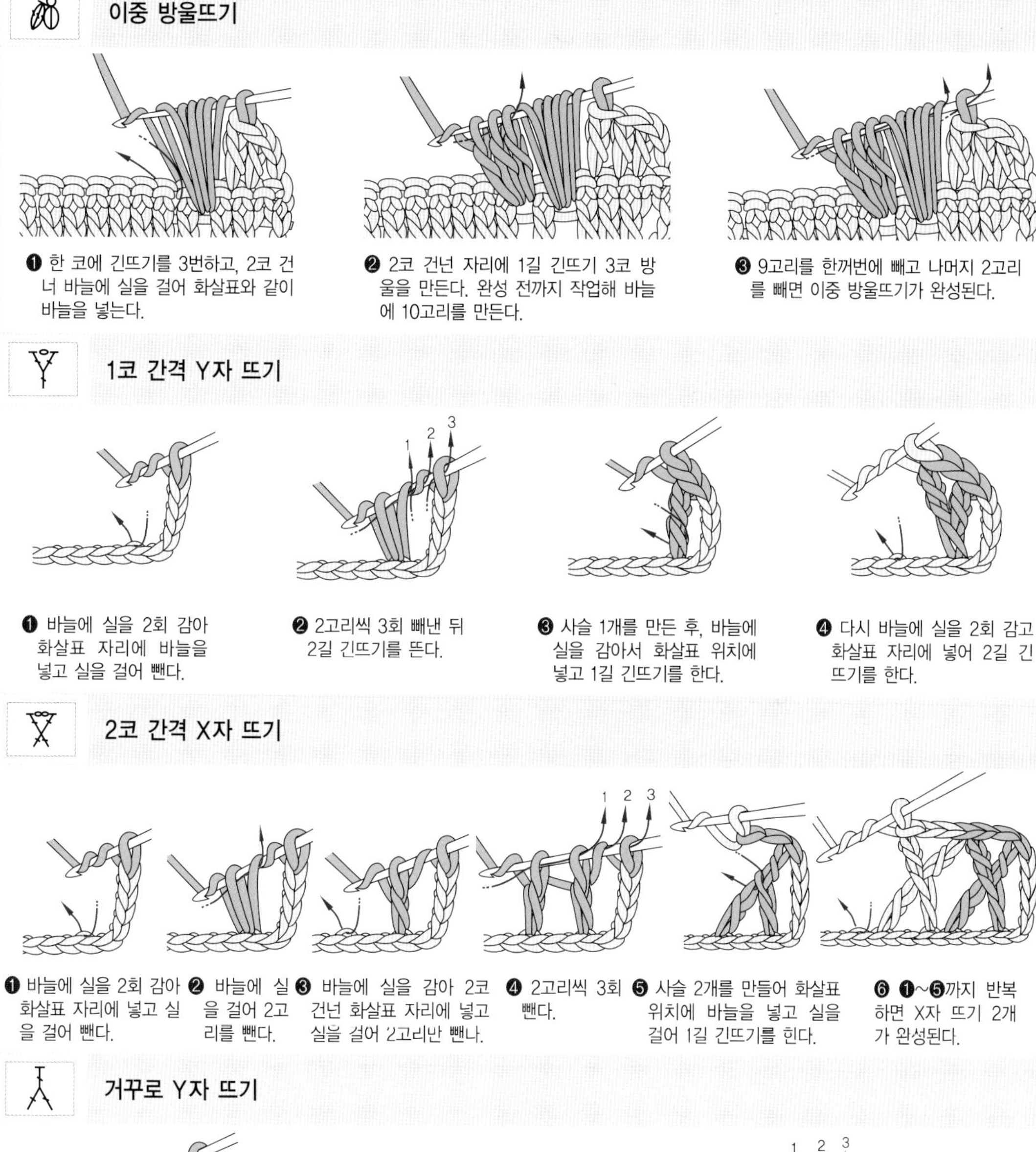

❶ 한 코에 긴뜨기를 3번하고, 2코 건너 바늘에 실을 걸어 화살표와 같이 바늘을 넣는다.

❷ 2코 건넌 자리에 1길 긴뜨기 3코 방울을 만든다. 완성 전까지 작업해 바늘에 10고리를 만든다.

❸ 9고리를 한꺼번에 빼고 나머지 2고리를 빼면 이중 방울뜨기가 완성된다.

38 1코 간격 Y자 뜨기

❶ 바늘에 실을 2회 감아 화살표 자리에 바늘을 넣고 실을 걸어 뺀다.

❷ 2고리씩 3회 빼낸 뒤 2길 긴뜨기를 뜬다.

❸ 사슬 1개를 만든 후, 바늘에 실을 감아서 화살표 위치에 넣고 1길 긴뜨기를 한다.

❹ 다시 바늘에 실을 2회 감고 화살표 자리에 넣어 2길 긴뜨기를 한다.

39 2코 간격 X자 뜨기

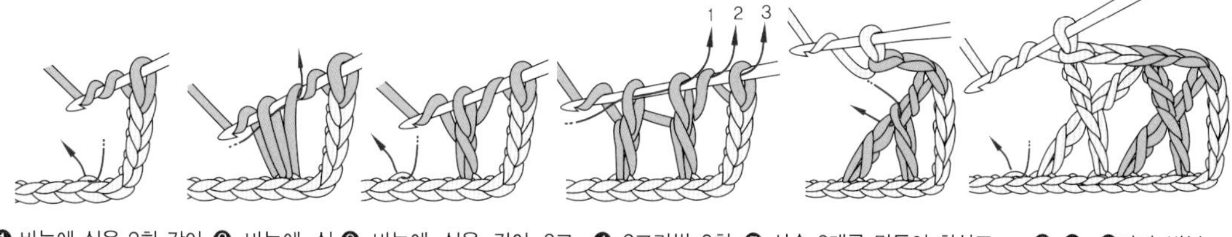

❶ 바늘에 실을 2회 감아 화살표 자리에 넣고 실을 걸어 뺀다.

❷ 바늘에 실을 걸어 2고리를 뺀다.

❸ 바늘에 실을 감아 2코 건넌 화살표 자리에 넣고 실을 걸어 2고리만 뺀다.

❹ 2고리씩 3회 뺀다.

❺ 사슬 2개를 만들어 화살표 위치에 바늘을 넣고 실을 걸어 1길 긴뜨기를 한다.

❻ ❶~❺까지 반복하면 X자 뜨기 2개가 완성된다.

40 거꾸로 Y자 뜨기

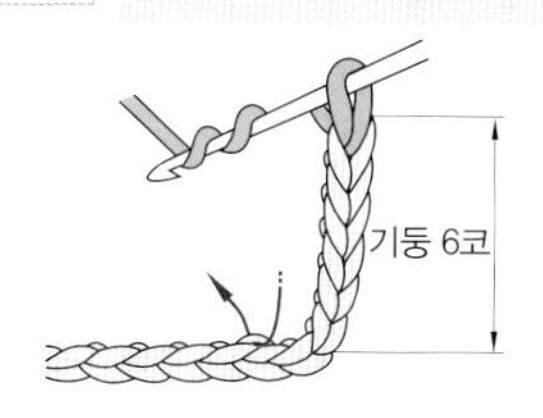

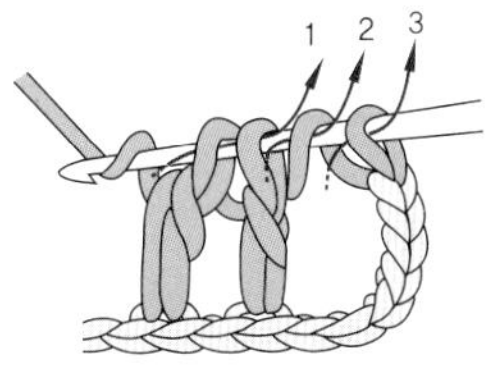

❶ 사슬 6코를 기둥으로 하여 바늘에 실을 걸어 화살표 자리에 넣은 뒤 실을 걸어 뺀 후, 다시 실을 걸어 2고리만 뺀다.

❷ 바늘에 실을 감아 화살표 자리에 넣고 실을 걸어 2고리만 뺀다.

❸ 2고리씩 3회 실을 걸어 빼내면 거꾸로 Y자 뜨기가 완성된다.

사슬뜨기로 둥근코 만들기

❶ 그림과 같이 시작코를 만든다.

❷ 바늘에 실을 감아 사슬뜨기를 한다.

❸ ❶~❷를 반복해서 원하는 수만큼 사슬코를 만든다.

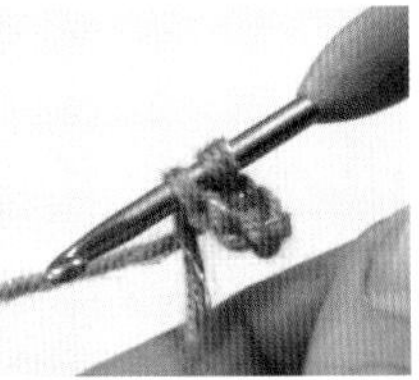

❹ 첫번째 코의 사슬 반코에 바늘을 넣는다.

❺ ❹에 실을 걸어 빼낸다.

실로 둥근코 만들기

❶ 왼쪽 집게 손가락에 실을 2번 감는다.

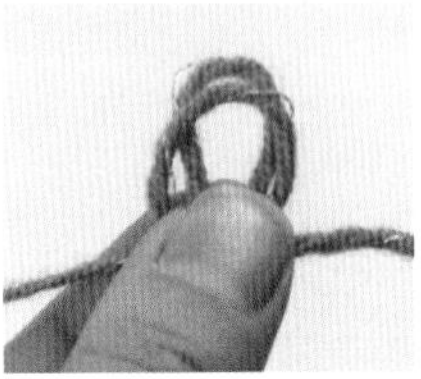

❷ 감은 고리모양 그대로 손가락에서 뺀다.

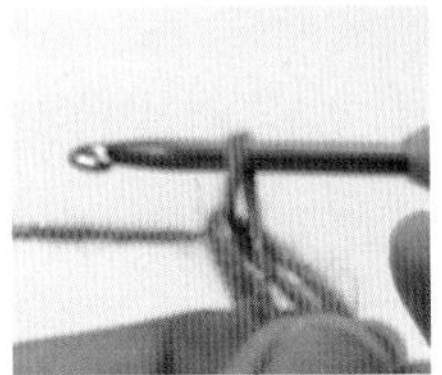

❸ 둥근 가운데 바늘을 넣어서 실을 걸어 빼낸다.

❹ 한번 더 실을 빼내 코를 죈다.

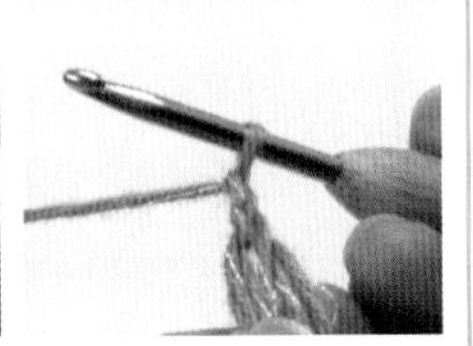

❺ 처음 만든 것은 1코로 치지 않는다.

짧은뜨기로 원형 모티프 시작하기

❶ 실 끝을 감아 기둥코 1코를 만들고 가운데 구멍에 바늘을 넣어 실을 걸어 낸다.

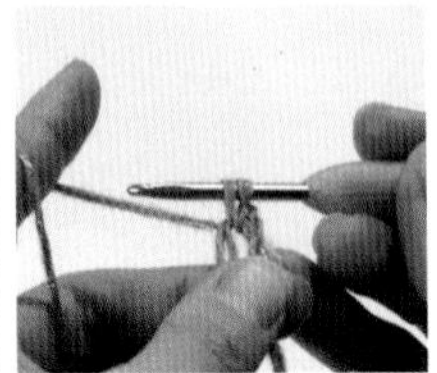

❷ 바늘에 실을 걸어 2고리를 한번에 빼 뒤 짧은뜨기 한다.

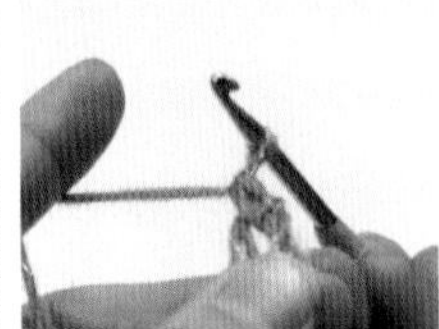

❸ ❶~❷를 반복하여 필요한 코수만큼 짧은뜨기를 한다.

❹ 원형이 될 수 있도록 실을 잡아당겨 죈다.

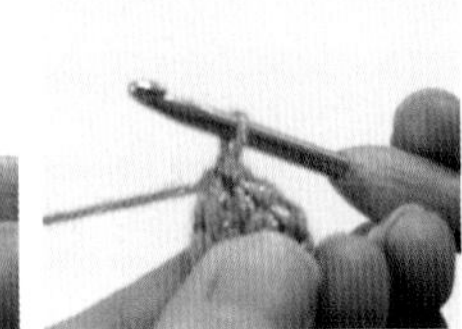

❺ 단의 끝을 짧은뜨기의 머리에 넣어 빼뜨기로 뜬 다음 사슬 1코로 기둥을 뜬다.

빼뜨기를 뜨면서 모티프 잇는 방법

❶ 마지막 단이 사슬 5코의 네트뜨기일 경우 중심의 3코째에서 화살표 방향으로 잇는다.

❷ 사슬 3코뜨기 옆의 모티프 고리에 바늘을 넣어서 3번째 코를 빼뜨기로 뜬다.

❸ 나머지 사슬 2코를 뜨고 짧은뜨기를 하여 네트 1개를 만들고 같은 방법으로 잇는다.

❹ 모티프 네트 2개를 이어 놓은 것이다.

짧은뜨기를 뜨면서 모티프 잇는 방법

❶ 사슬을 2코 떠서 옆의 모티프 고리에 바늘을 넣고 실을 걸어서 뺀다.

❷ 한번 더 실을 걸어서 빼내고 짧은뜨기를 한다.

❸ 옆의 모티프 네트에 짧은뜨기로 이은 후 나머지 사슬 2코를 뜬다.

❹ 짧은뜨기를 하여 네트를 완성한다.

긴뜨기를 뜨면서 모티프 잇는 방법

❶ 바늘을 옆의 모티프에 넣어서 실을 걸어 뺀다.

❷ 1길 긴뜨기의 머리에 바늘을 넣고, 실을 감아 아래 안고리에 넣어 실을 걸어서 뺀다.

❸ 바늘에 실을 걸어서 고리 2개씩 빼내서 1길 긴뜨기를 한다. 2코째도 같은 모양으로 뜬다.

❹ 이을 곳 마지막 1길 긴뜨기도 같은 모양으로 뜨고 다음부터 보통으로 뜬다.

반코 감아서 모티프 잇는 방법

돗바늘로 실을 꿰어 모티프를 서로 붙여 바깥쪽의 반코씩을 꿰맨다.

빼뜨기로 모티프 잇는 방법

❶ 2장을 바깥쪽이 안으로 가도록 겹쳐서 이을 곳의 시작점에 실을 건 후 바깥쪽으로 반코씩 건다.

❷ 실끝은 왼쪽에 두고 실끝 아래부터 뜬다.

❸ 빼뜨기로 이은 모양이다.

짧은뜨기로 모티프 잇는 방법

❶ 2장을 바깥쪽이 안으로 가도록 겹쳐서 이을 곳의 시작점에 실을 건 후 바깥쪽으로 반코씩 건다.

❷ 바늘을 넣어 실을 걸어 뺀다.

❸ 2고리를 한꺼번에 빼서 짧은뜨기한다.

❹ 짧은뜨기로 이은 모양이다.

모티브 무늬뜨기

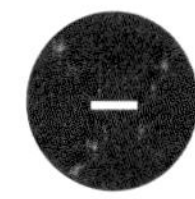

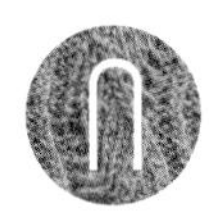

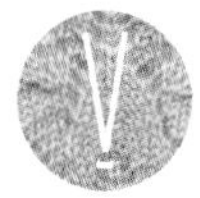

1 4단 모티브

2 5단 모티브

3 6단 모티브

4 7단 모티브

5 9단 모티브

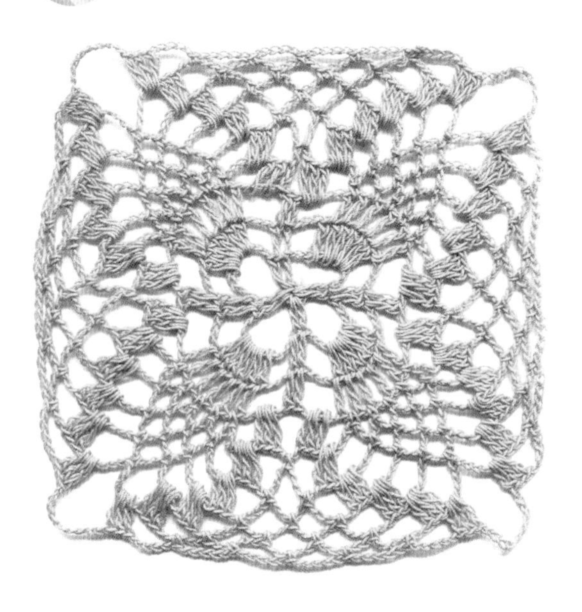

6 8단 모티브

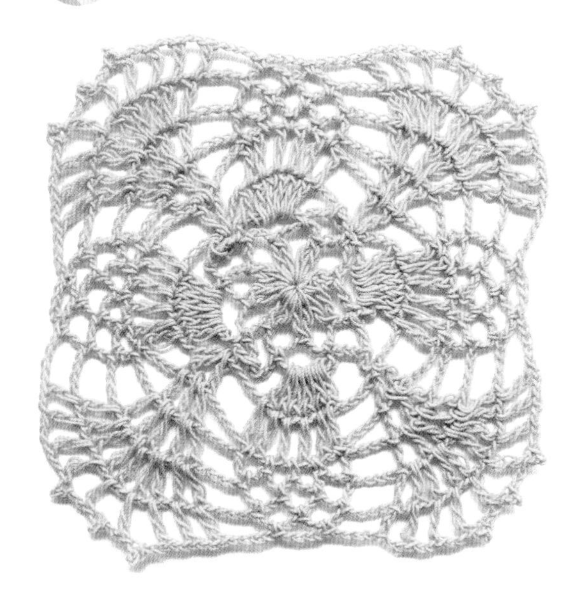

7 6단 모티브

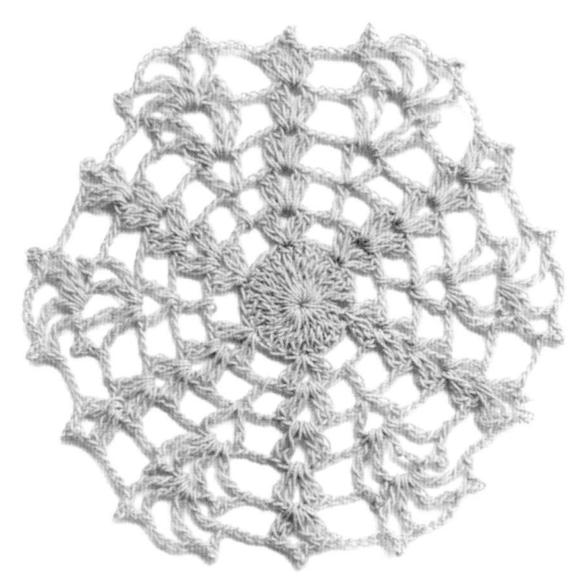

8 6단 모티브

9 7단 모티브

10 8단 모티브

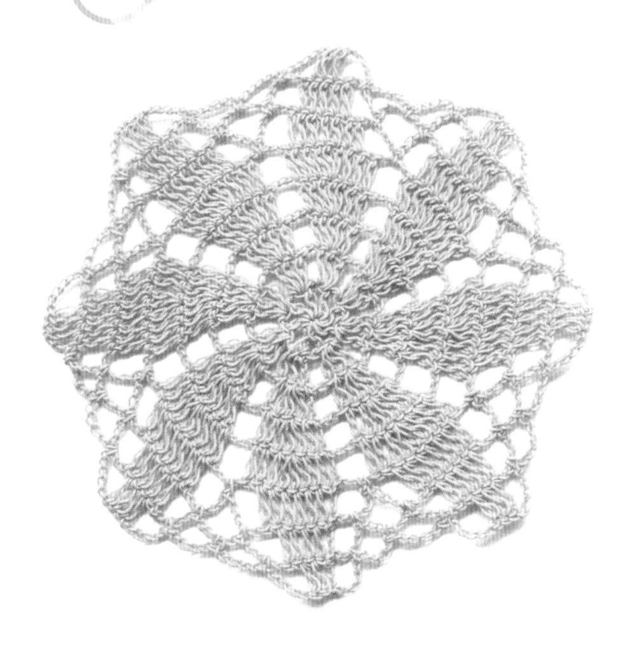

11 9단 모티브

12 12단 모티브

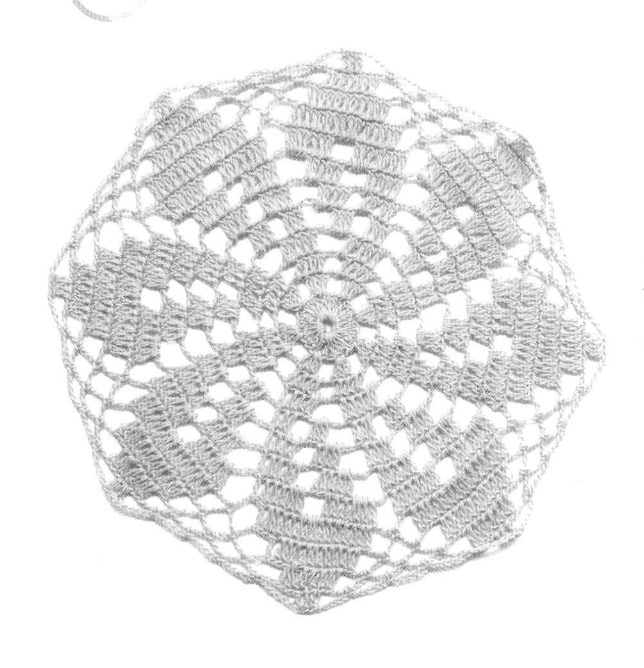

13 5단 모티브

14 4단 모티브

15 4단 모티브

16 5단 모티브

17 5단 모티브

18 6단 모티브

19 4단 모티브

20 4단 모티브

21 4단 모티브

22 4단 모티브

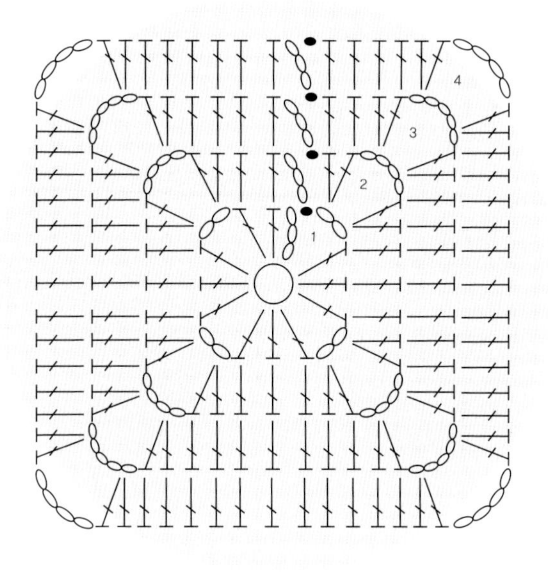

23 5단 모티브

24 4단 모티브

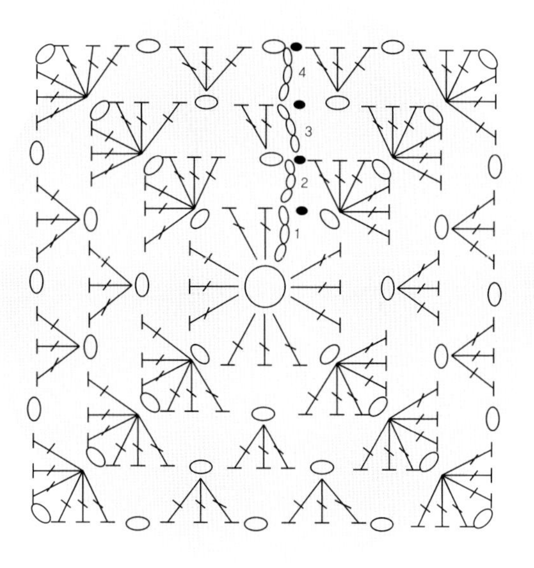

25 4단 모티브

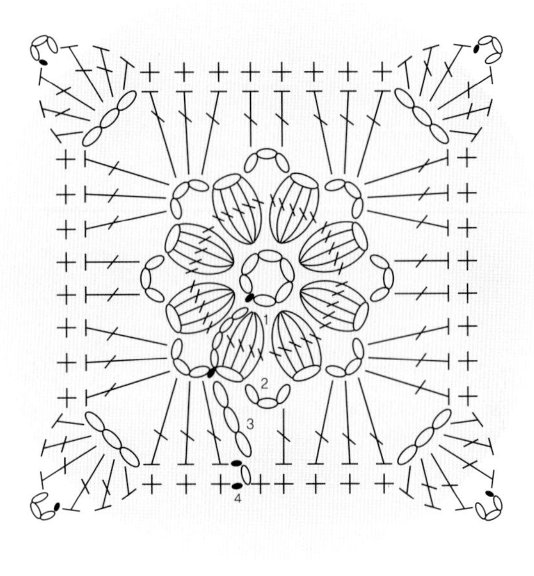

26 3단 모티브

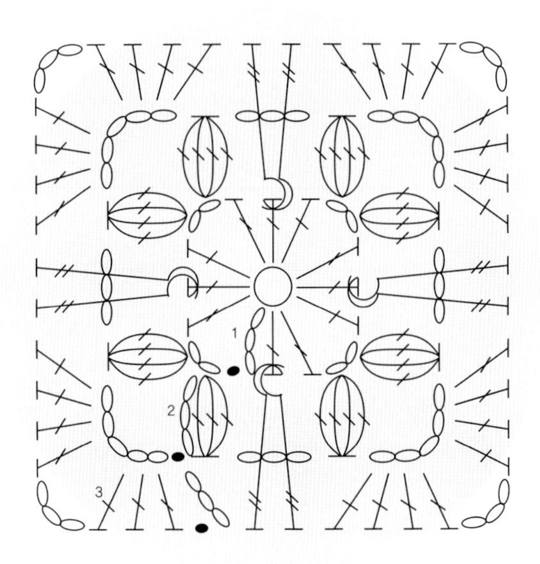

27 4단 모티브

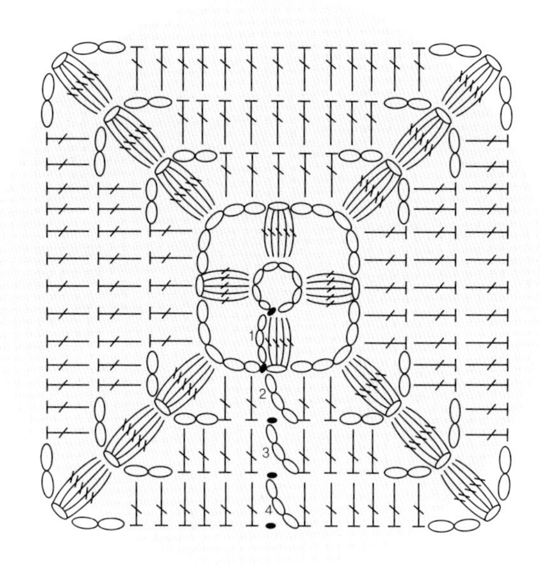

28 5단 모티브

29 4단 모티브

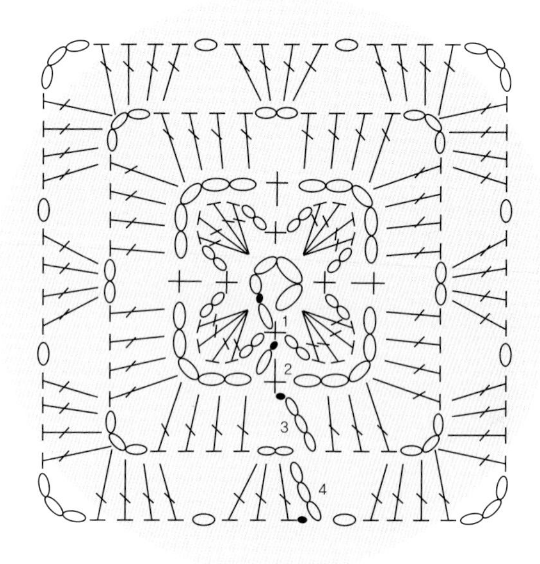

30 4단 모티브

31 4단 모티브

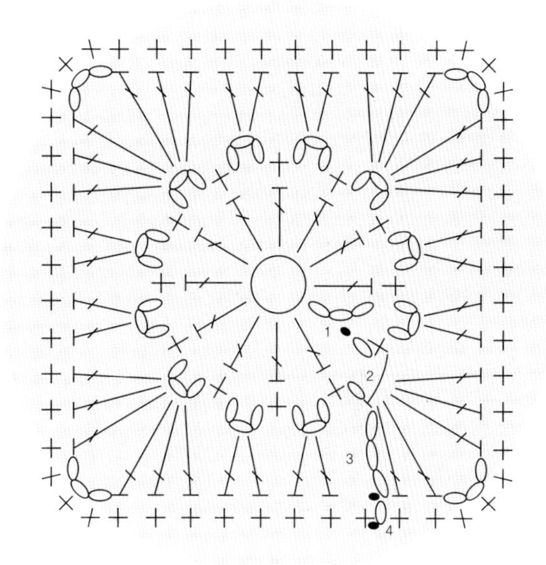

32 3단 모티브

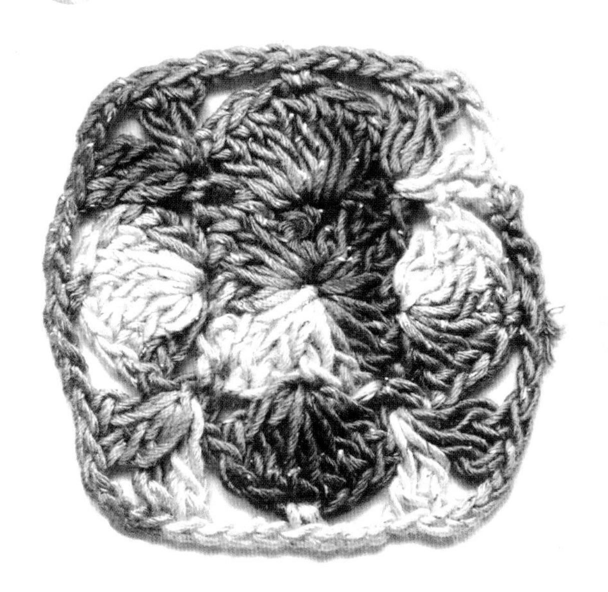

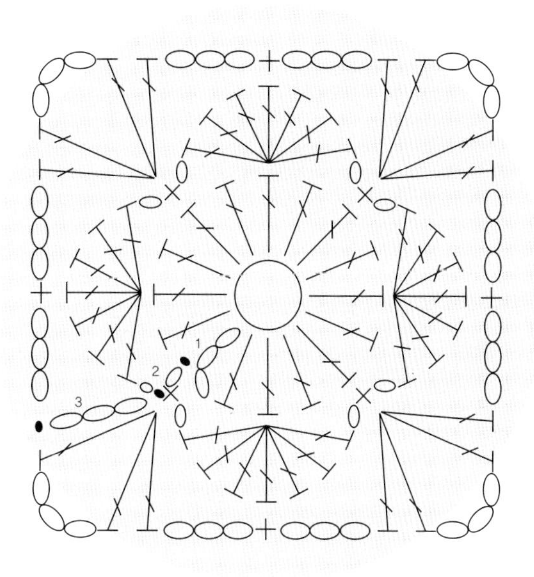

33 4단 모티브

34 4단 모티브

35 4단 모티브

36 4단 모티브

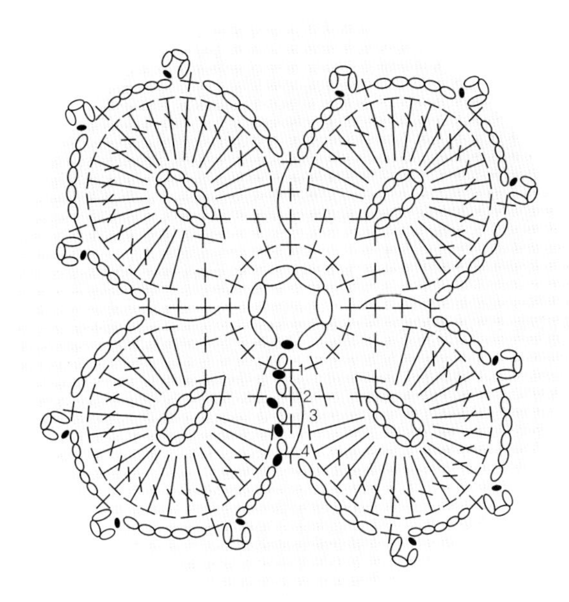

37 6단 모티브

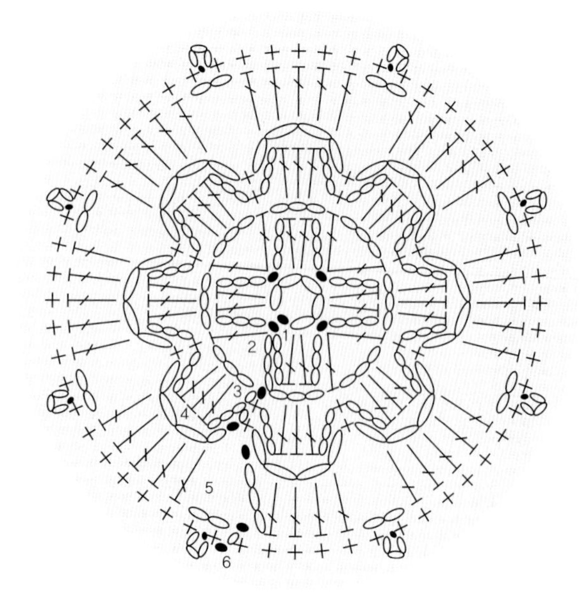

38 4단 모티브

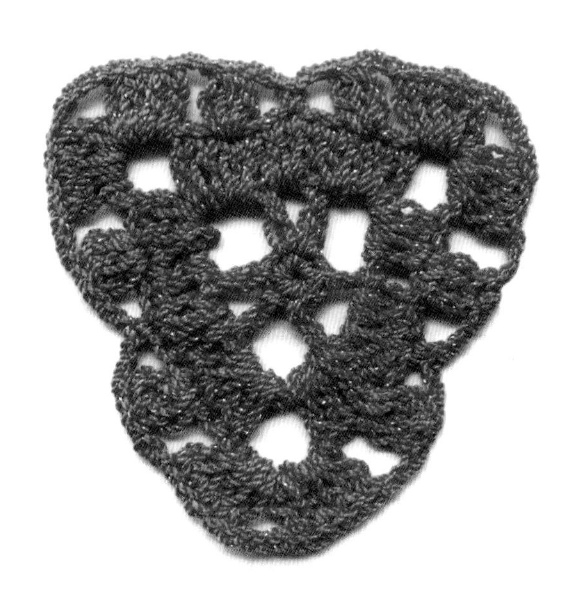

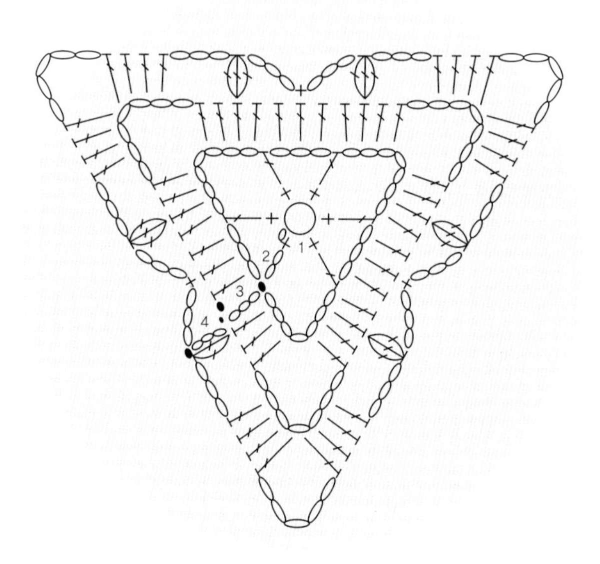

39 5단 모티브

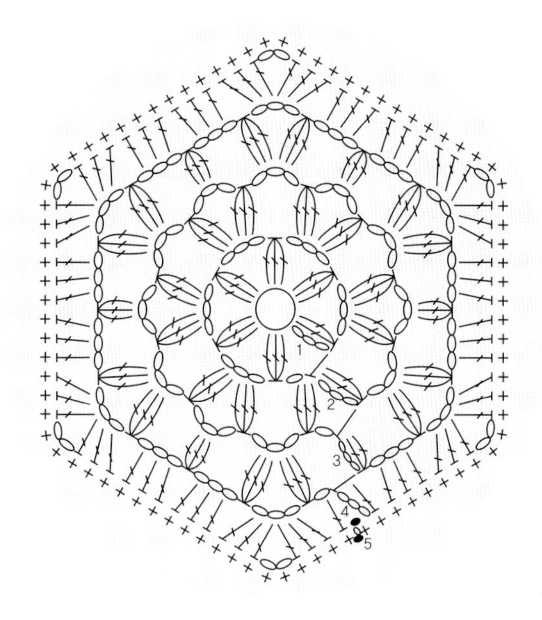

40 4단 모티브

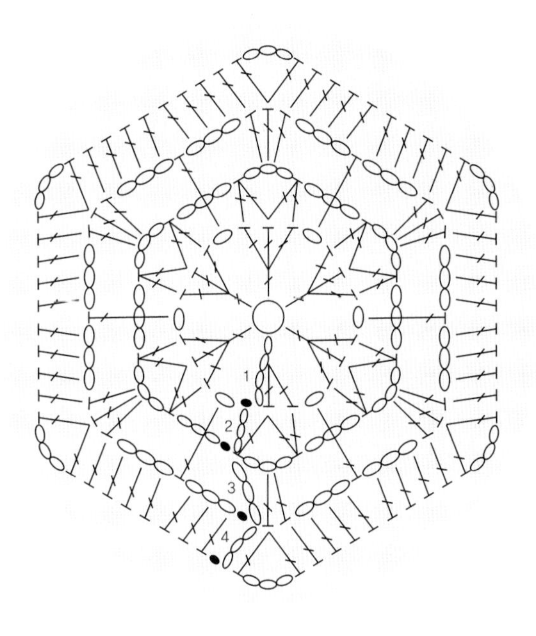

41 4단 모티브

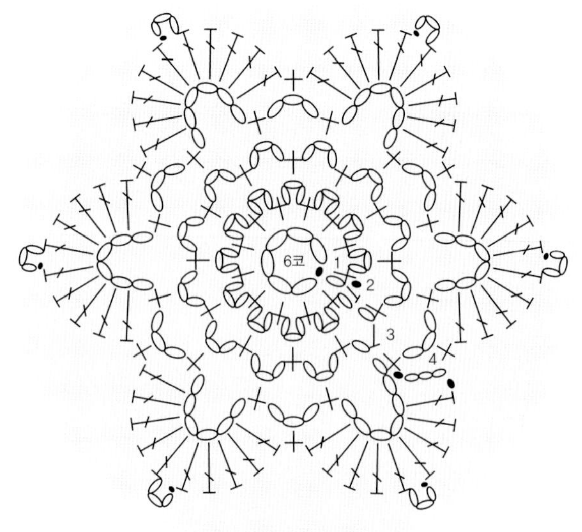

42 5단 모티브

43 3단 모티브

44 3단 모티브

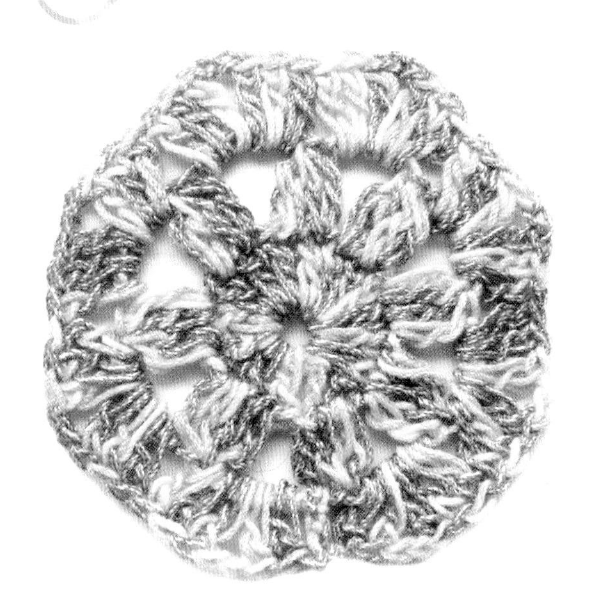

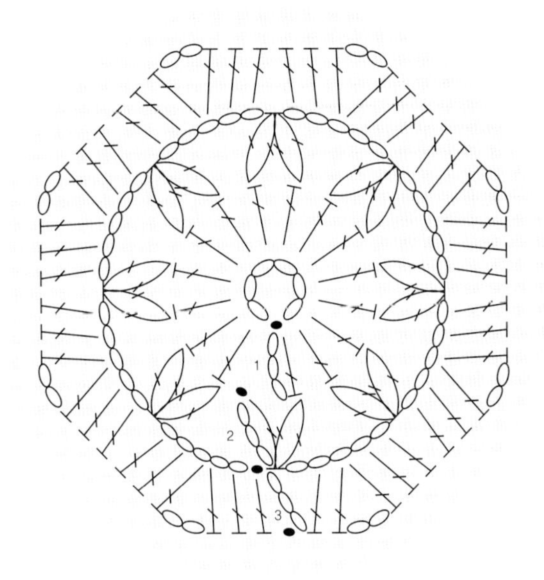

45 5단 모티브

46 7단 모티브

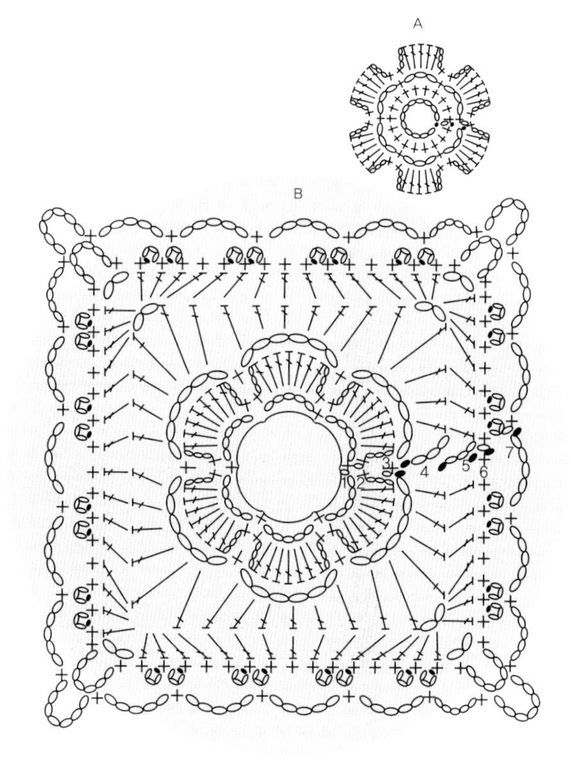

47 8단 모티브

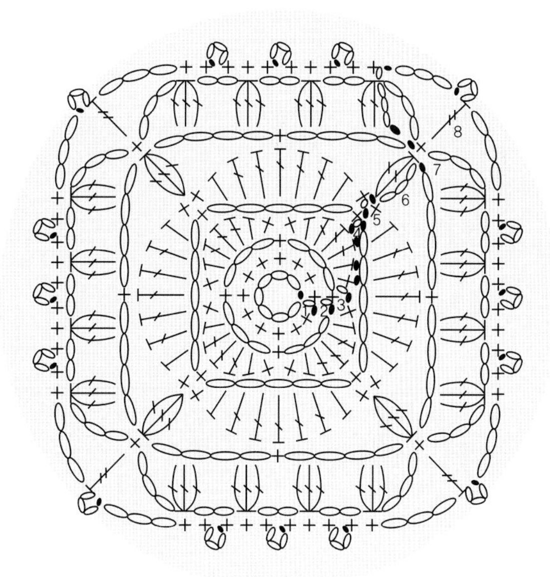

48 7단 모티브

49 5단 모티브

50 3단 모티브

51 5단 모티브

52 4단 모티브

53 2단 모티브

54 5단 모티브

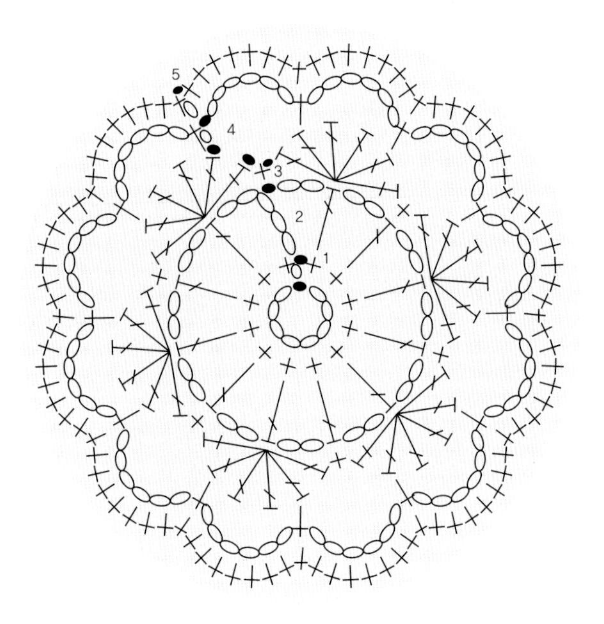

55 4단 모티브

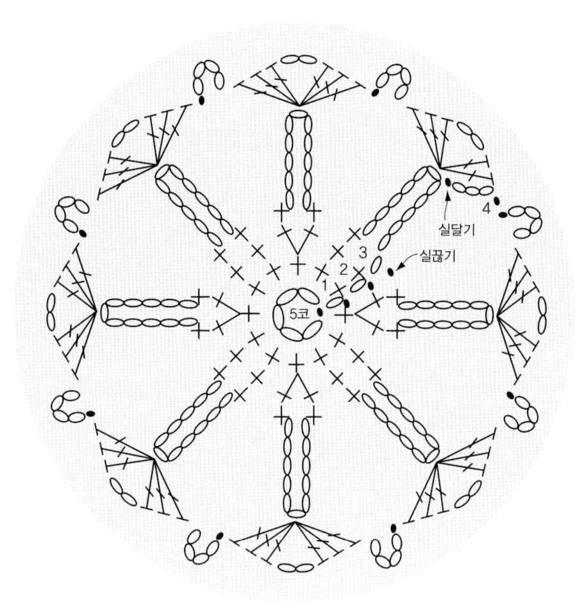

56 4단 모티브

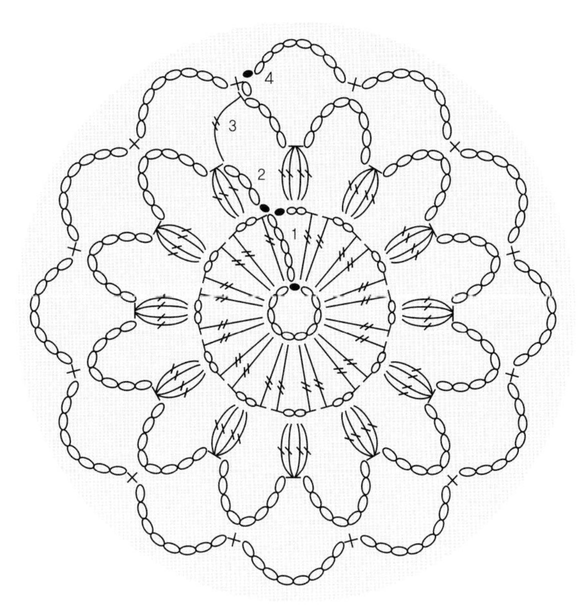

57 6단 모티브

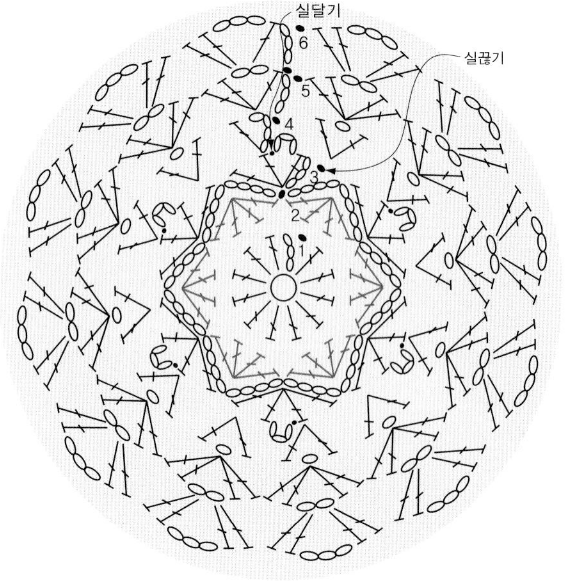

실달기
6
5
4
3
2
1
실끊기

58 1단+3단 모티브

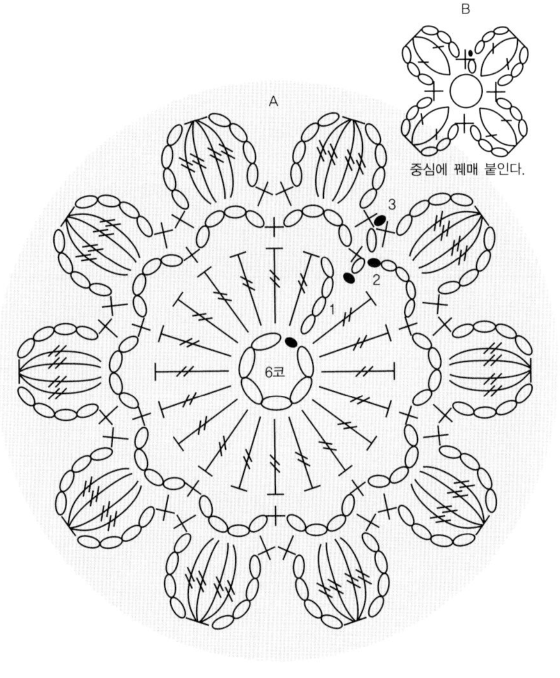

A
3
2
1
6코

B
중심에 꿰매 붙인다.

59 4단 모티브

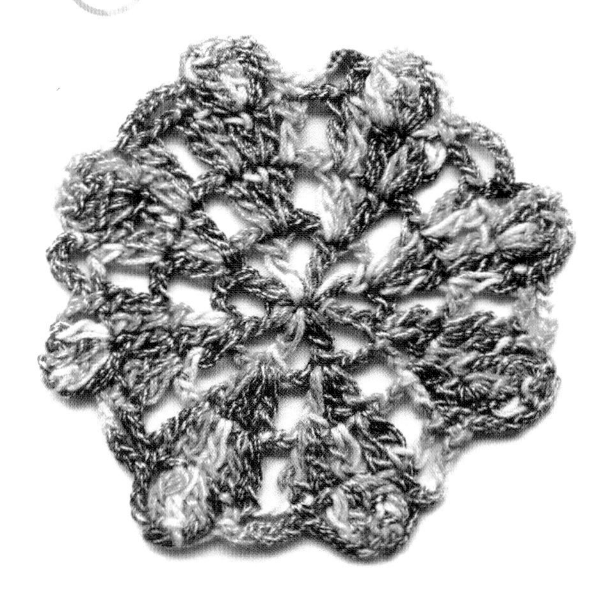

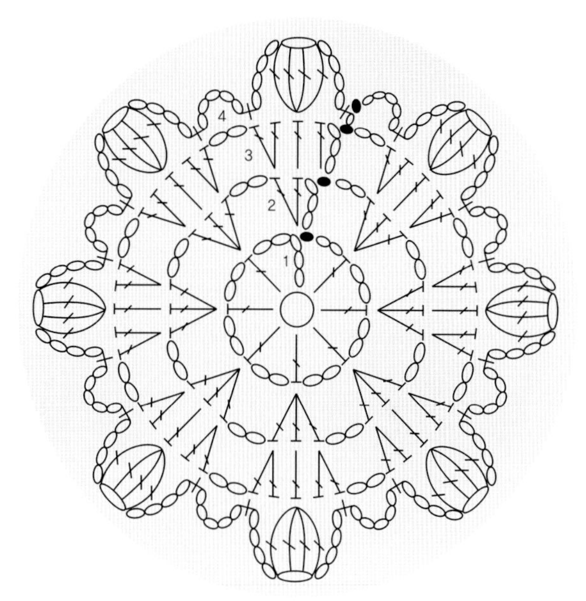

60 5단 모티브

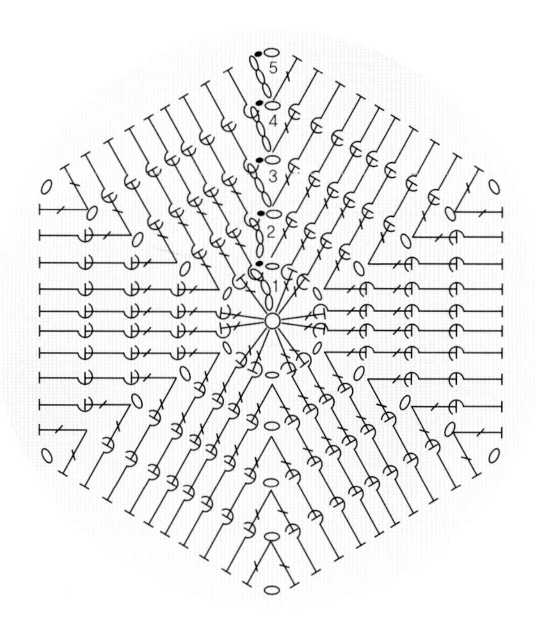

61 5단 모티브

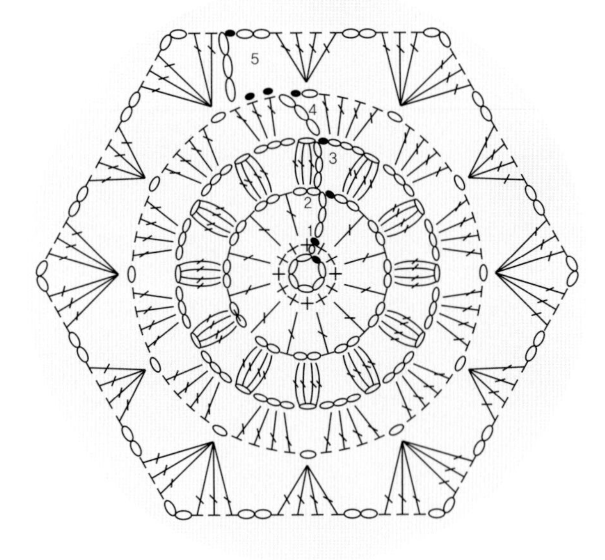

62 5단 모티브

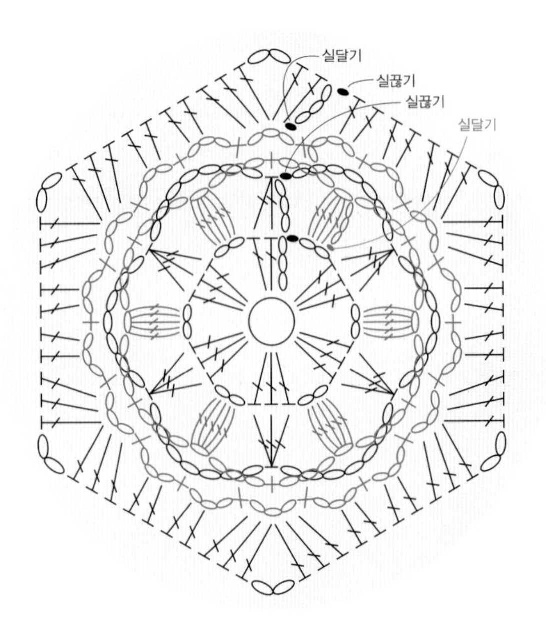

63 3단 모티브

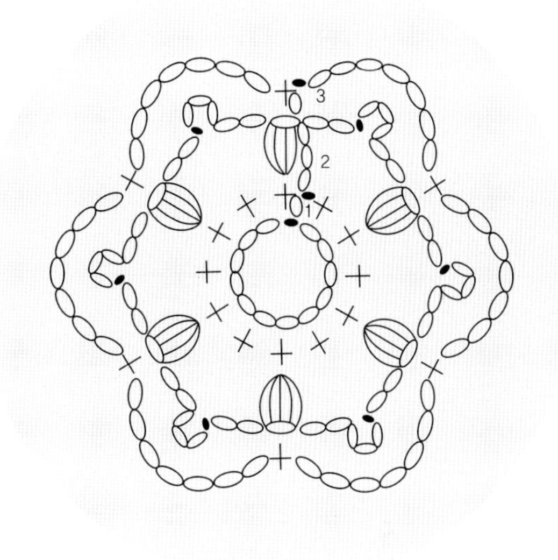

64 3단 모티브

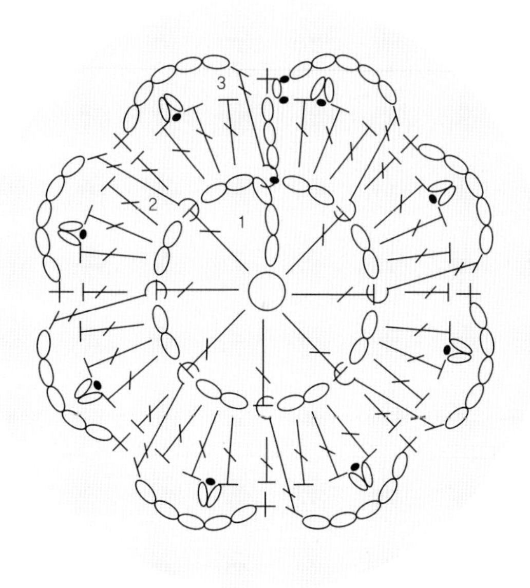

65 3단 모티브

66 3단 모티브

67 4단 모티브

68 5단 모티브

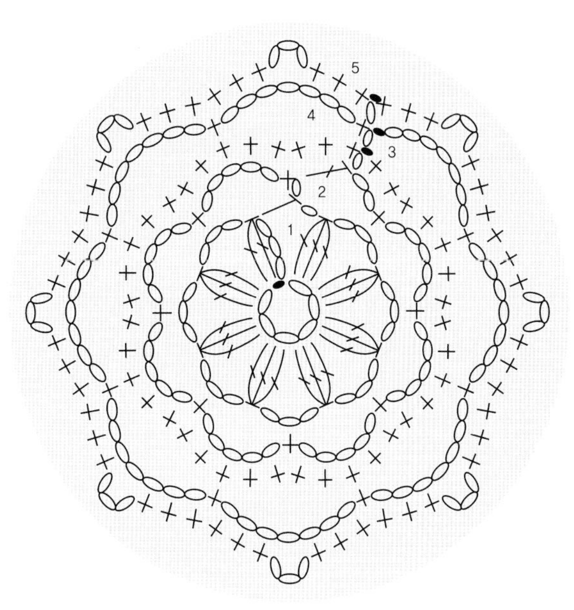

69 4단 모티브

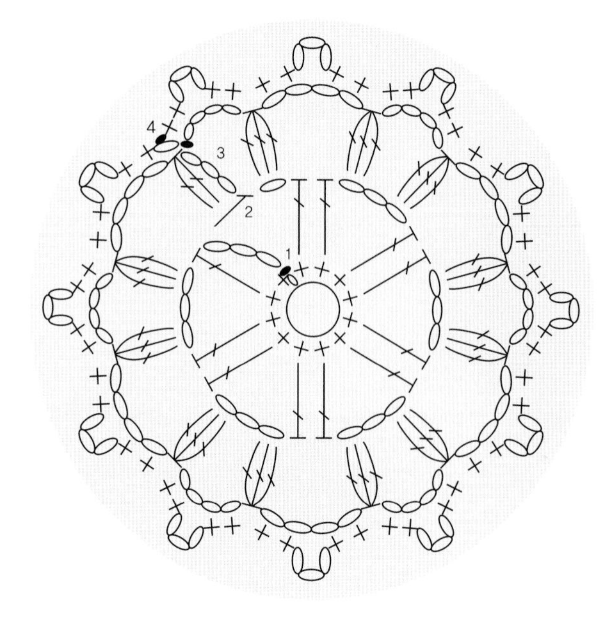

70 4단 모티브

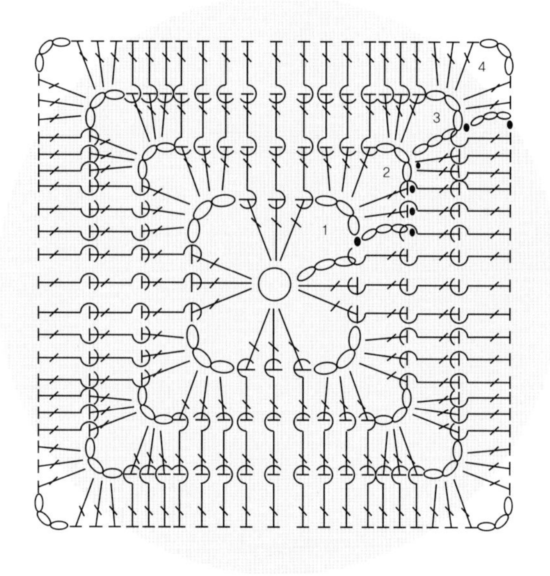

71 4단 모티브

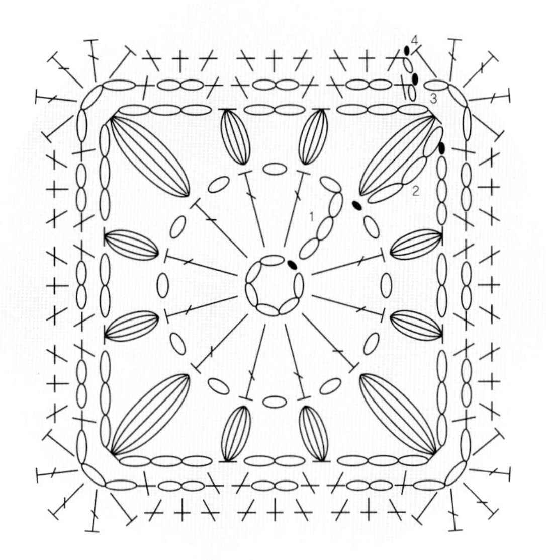

72 5단 모티브

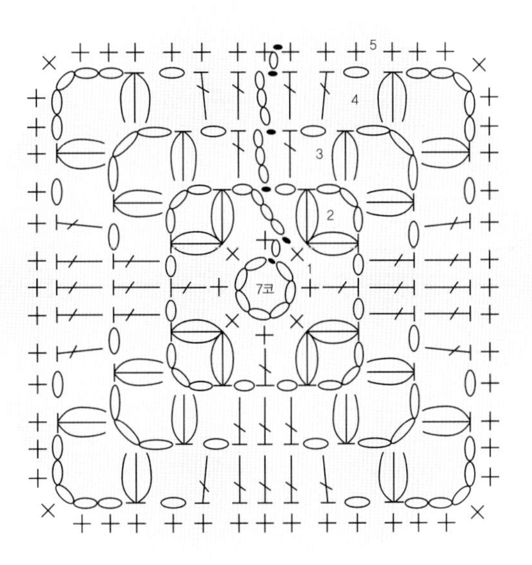

73 5단 모티브

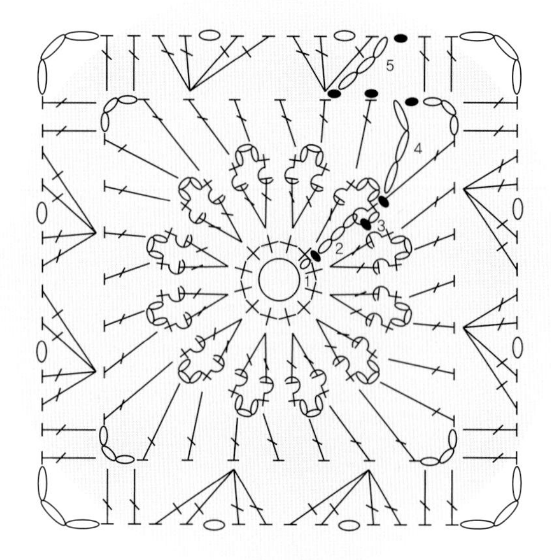

74 5단 모티브

75 2단 모티브

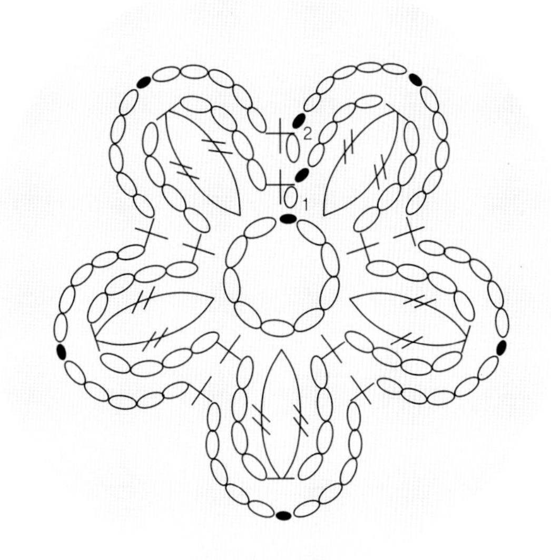

76 5단 모티브

77 4단 모티브

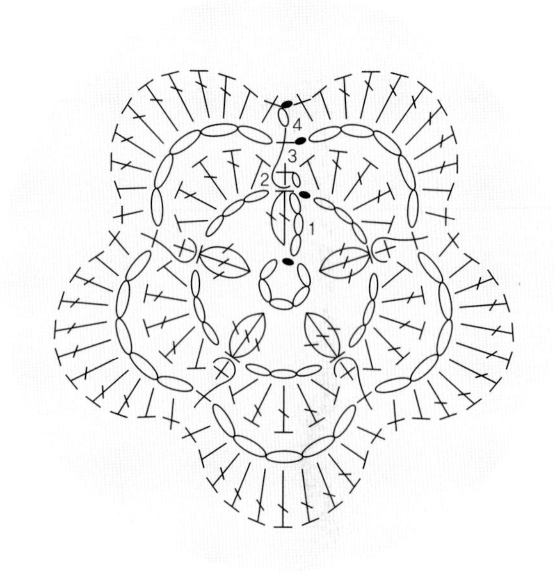

78 6단 모티브

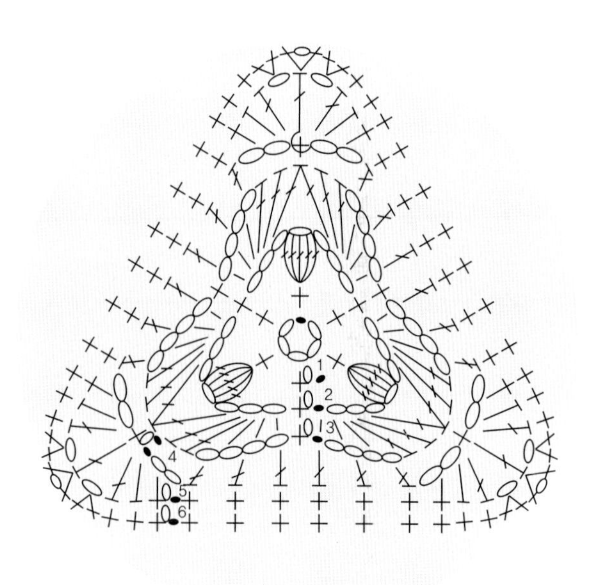

79 4단 모티브

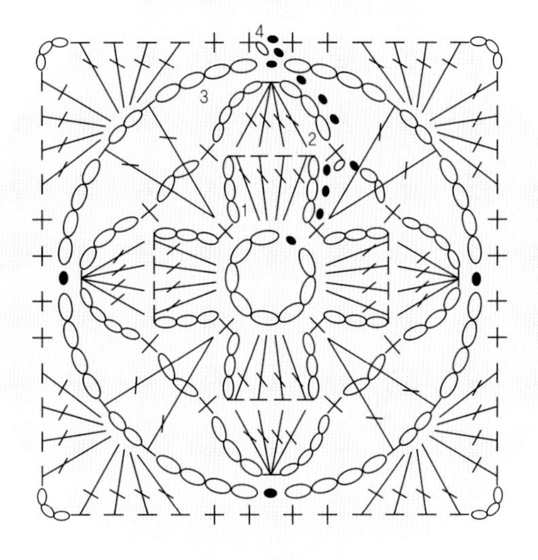

80 3단 모티브

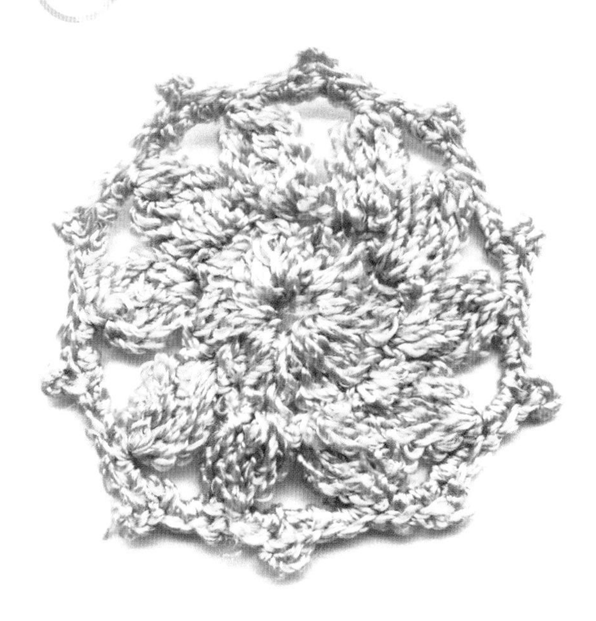

81 6단 모티브

82 6단 모티브

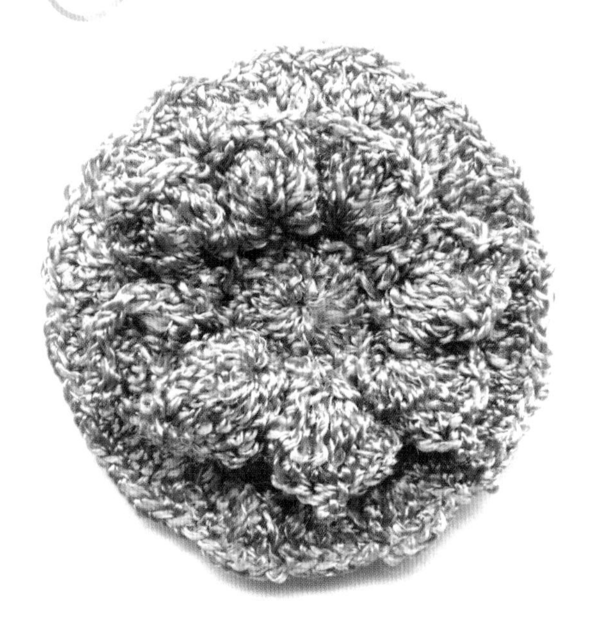

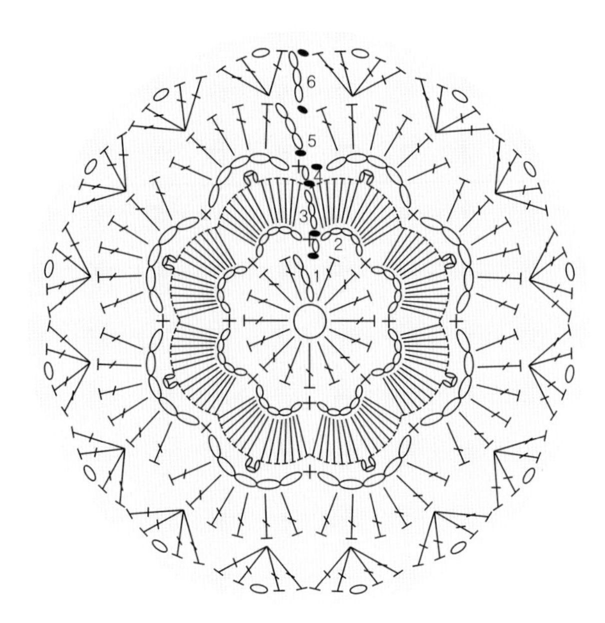

83 8단 모티브

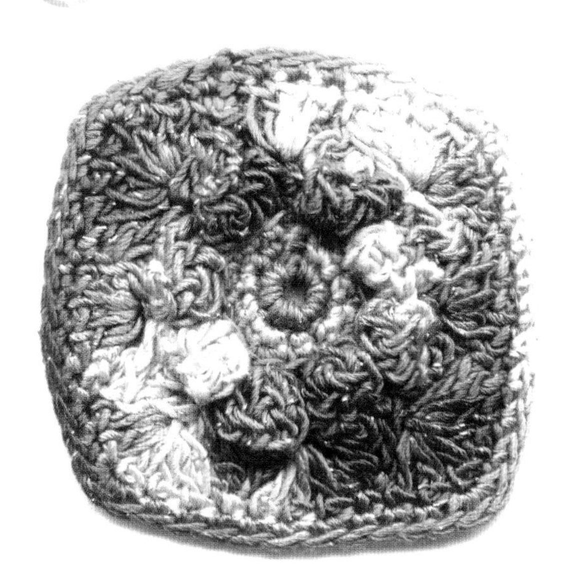

84 4단 모티브

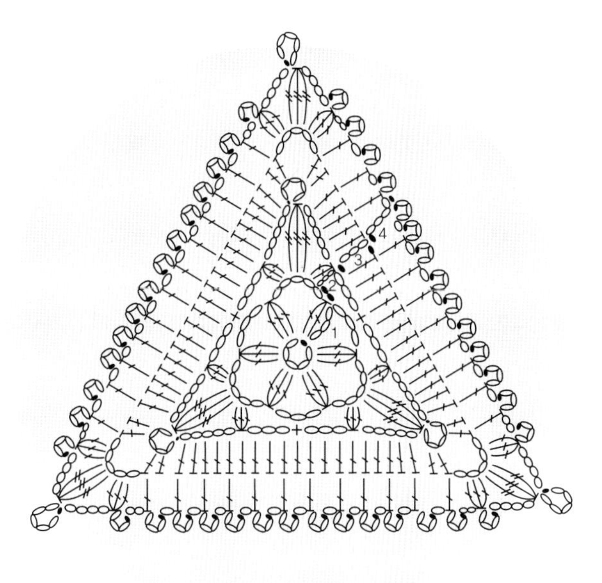

85 4단 모티브

86 5단 모티브

87 4단 모티브

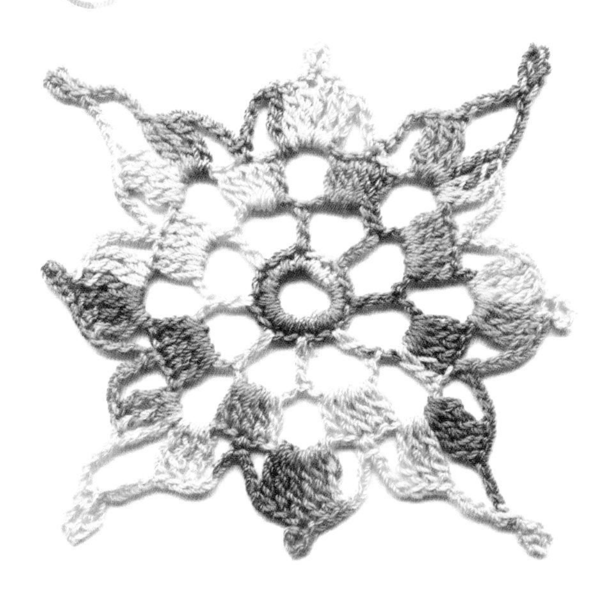

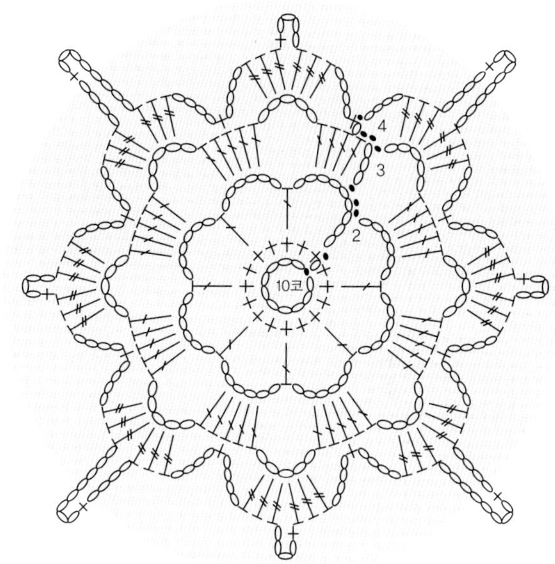

88 4단 모티브

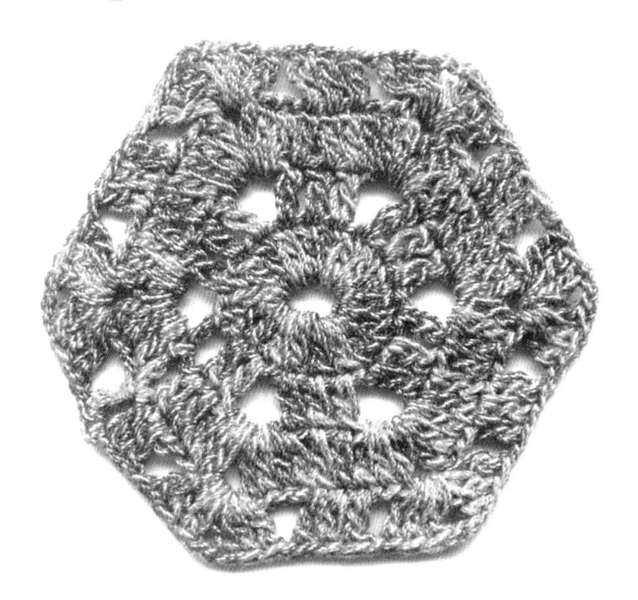

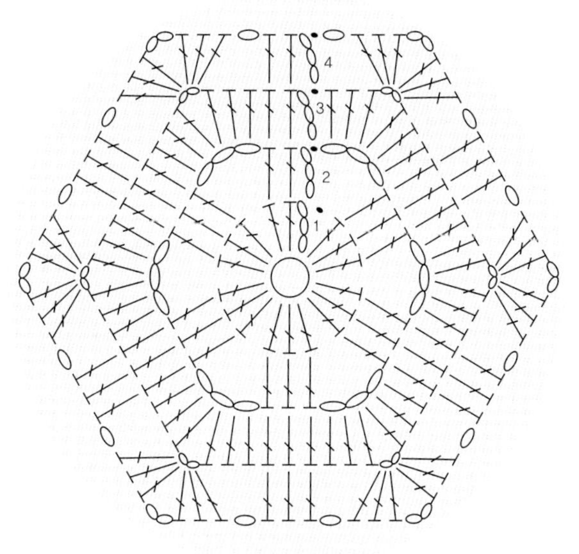

89 7단 모티브

90 4단 모티브

91 6단 모티브

92 7단 모티브

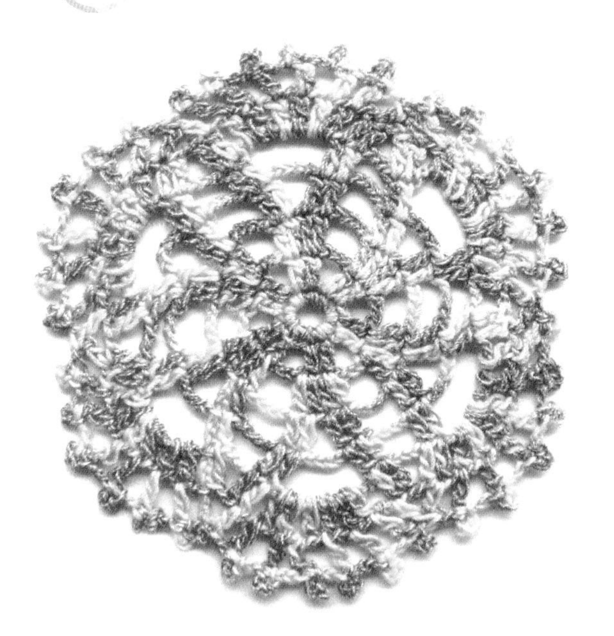

93 9단 모티브

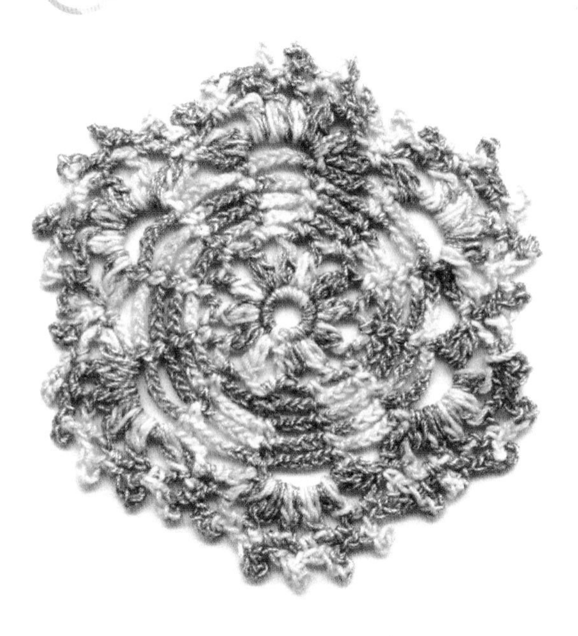

94 9단 모티브

95 7단 모티브

96 5단 모티브

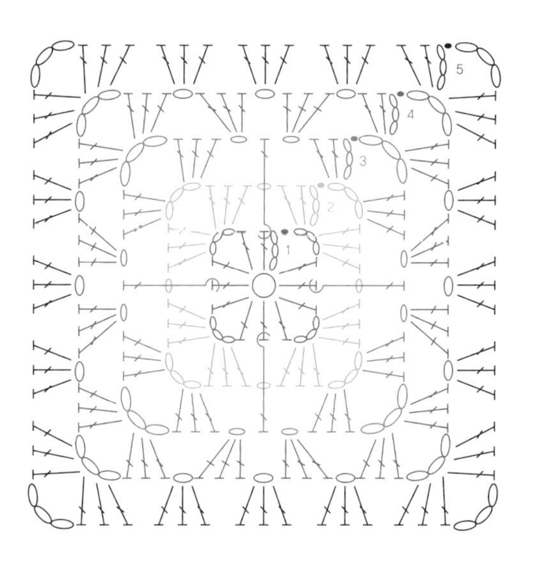

97 6단 모티브

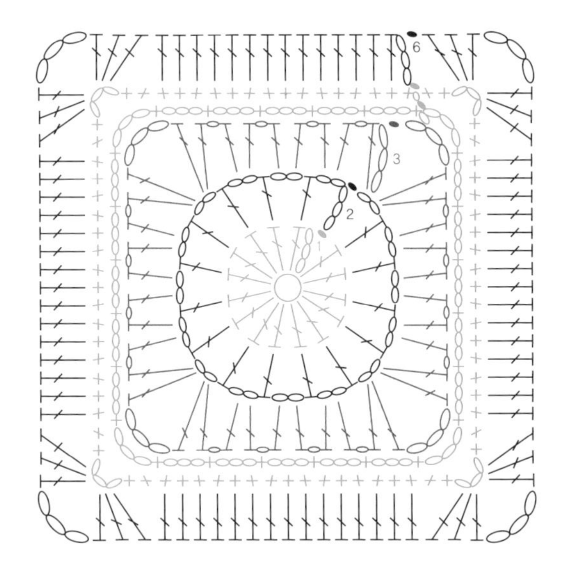

98 6단 모티브

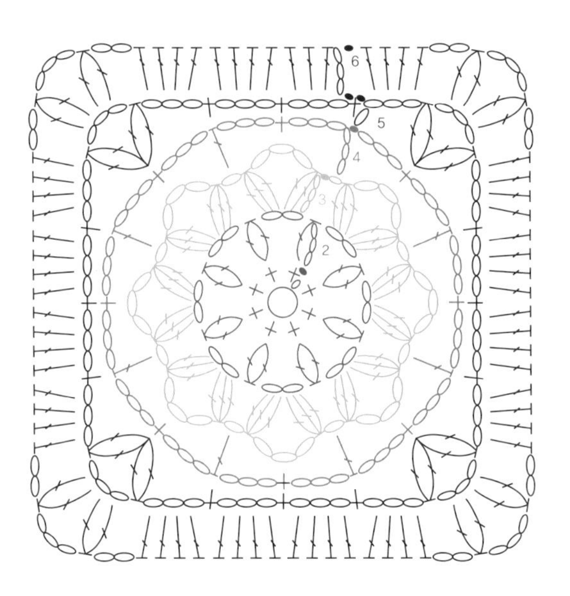

99 6단 모티브

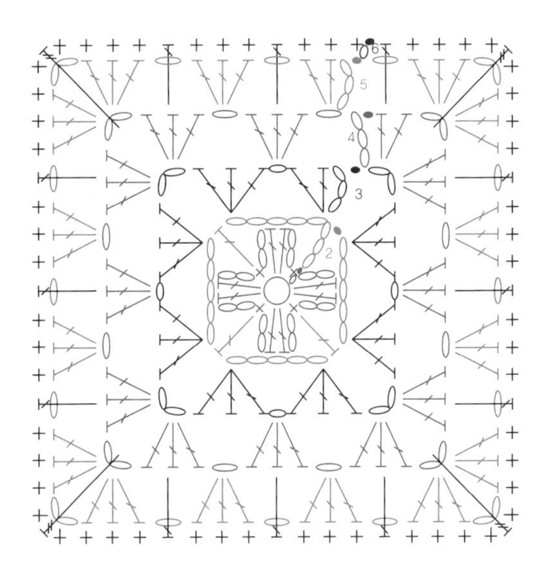

100 6단 모티브

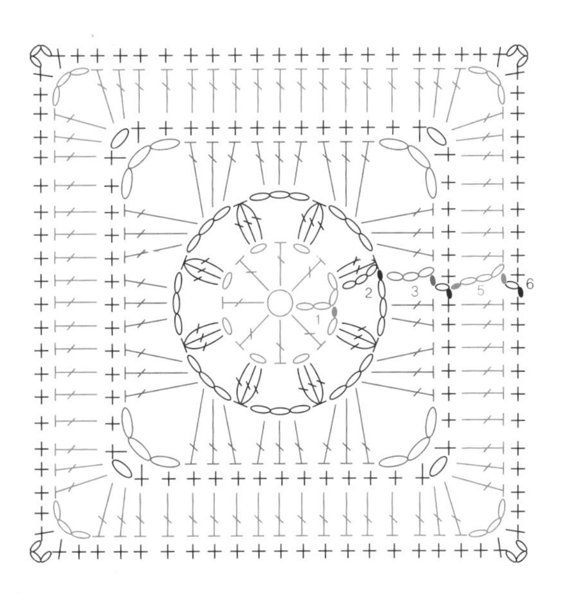

101 4단 모티브

102 5단 모티브

103 5단 모티브

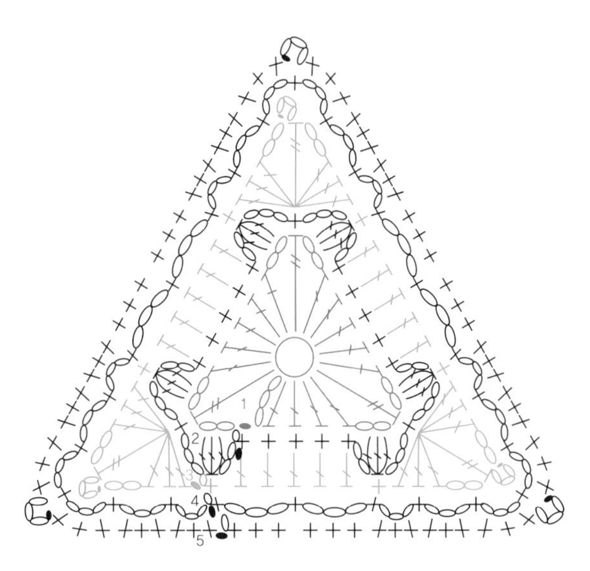

104 4단 모티브

105 4단 모티브

106 5단 모티브

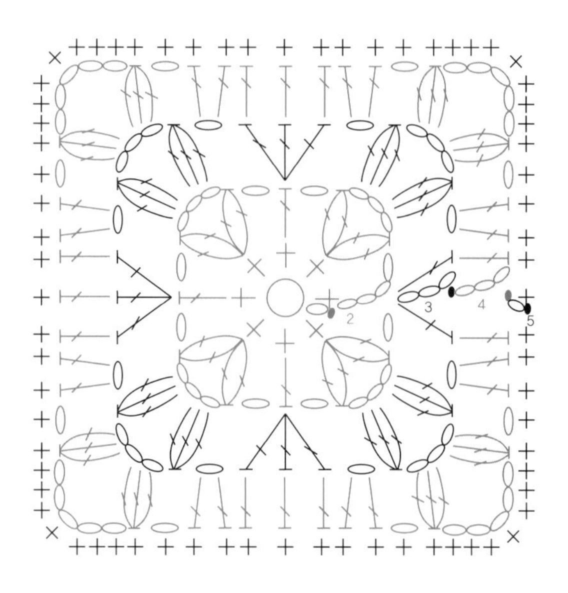

107 4단 모티브

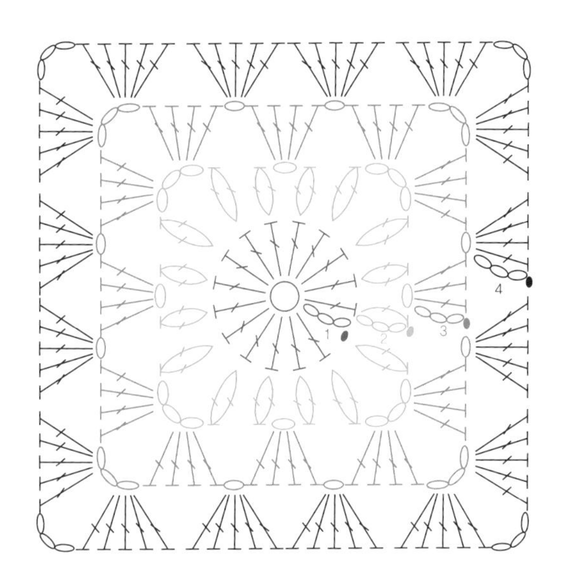

108 4단 모티브

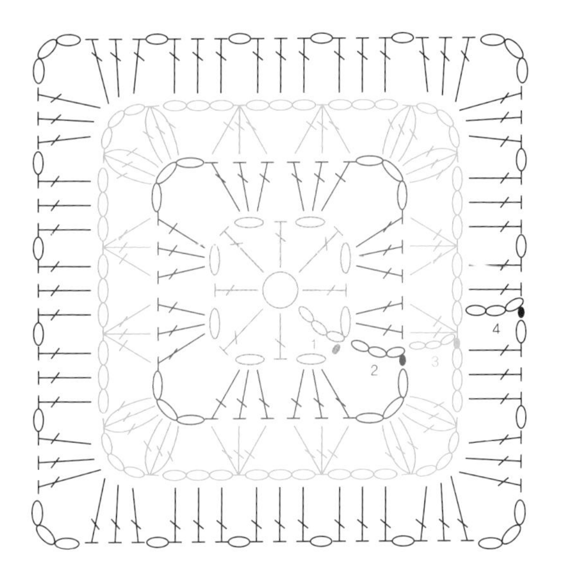

109 5단 모티브

110 4단 모티브

111 6단 모티브

112 4단 모티브

113 5단 모티브

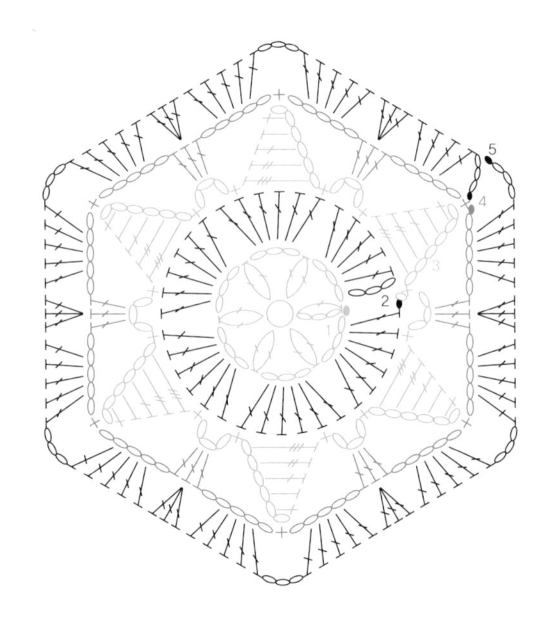

114 4단 모티브

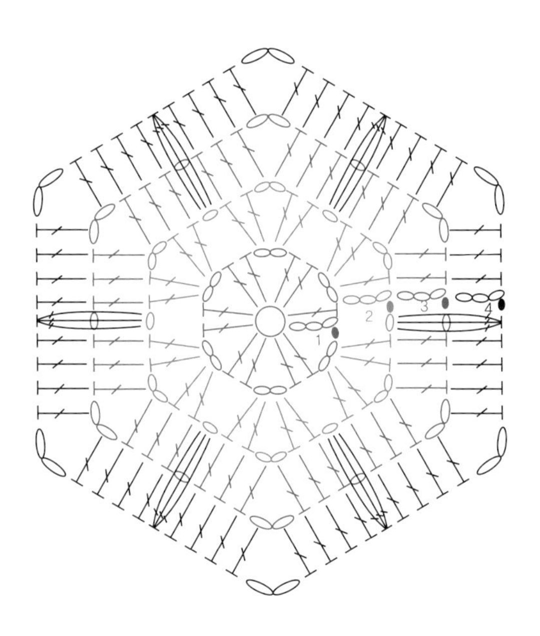

115 6단 모티브

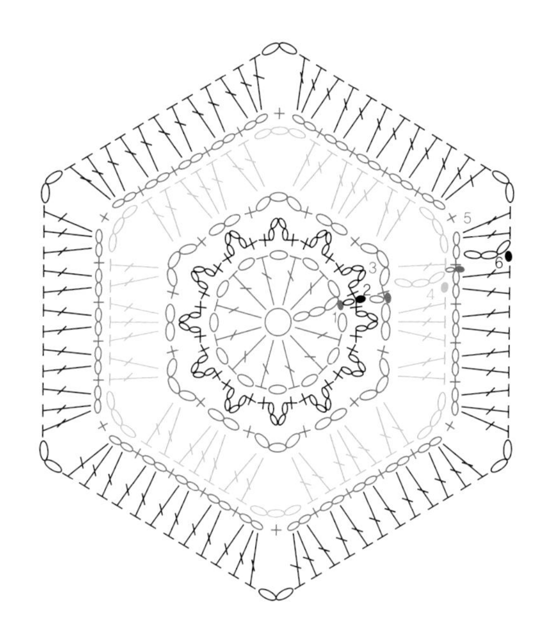

116 5단 모티브

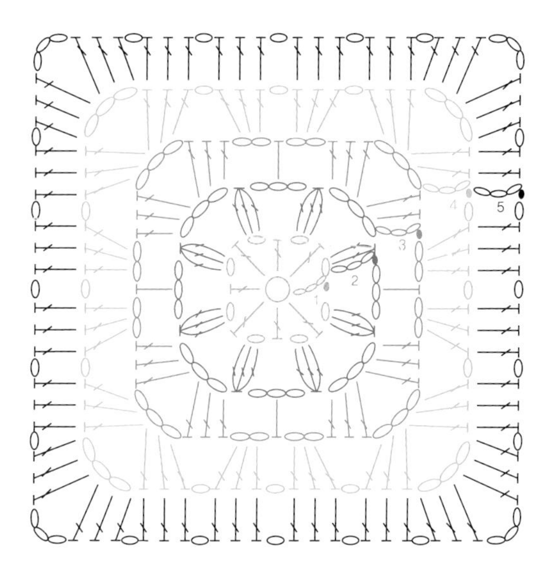

117 5단 모티브

118 5단 모티브

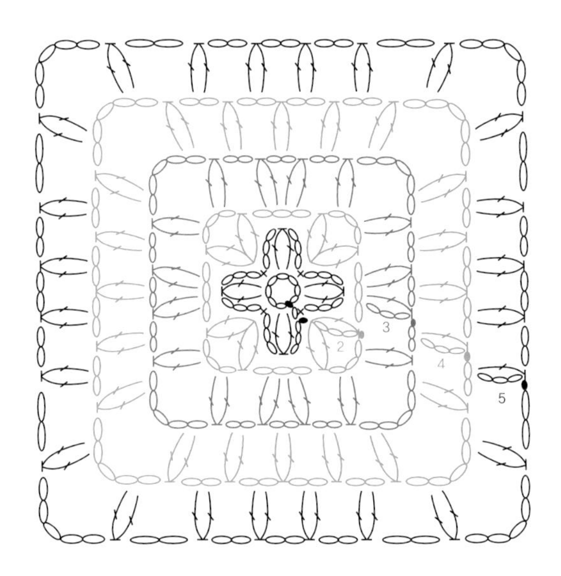

모티브를 활용한 패션

모티브를 활용한 소품

gallery

에칭 무늬뜨기

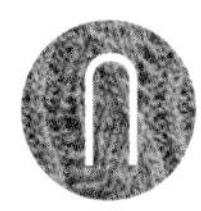

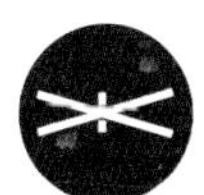

에칭 무늬뜨기

1 4코 3단 1무늬

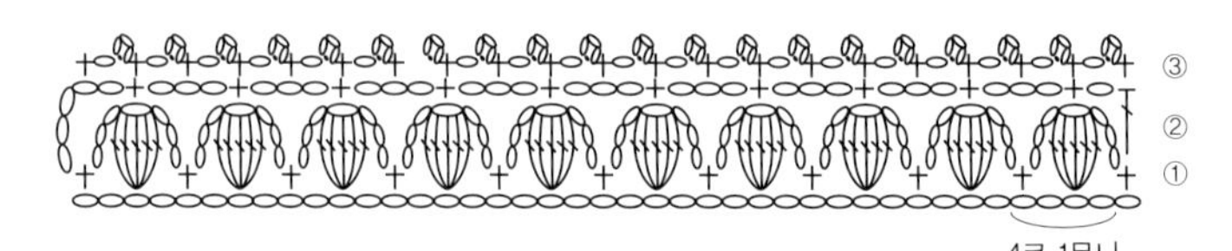

2 3코 2단 1무늬

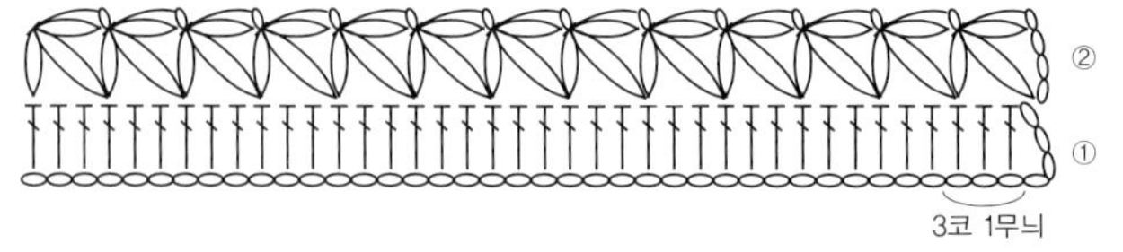

3 3코 2단 1무늬

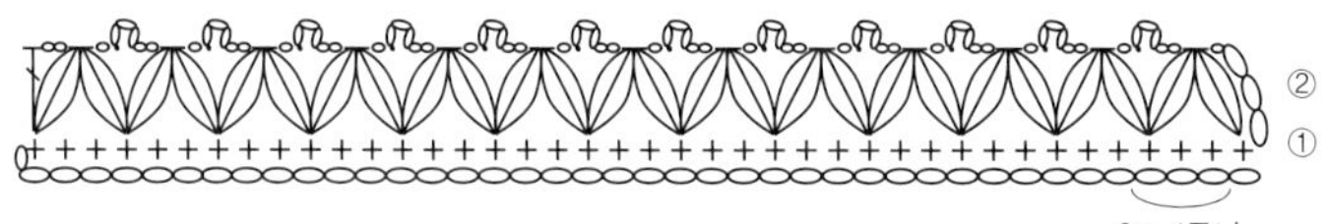

4 8코 4단 1무늬

5 6코 2단 1무늬

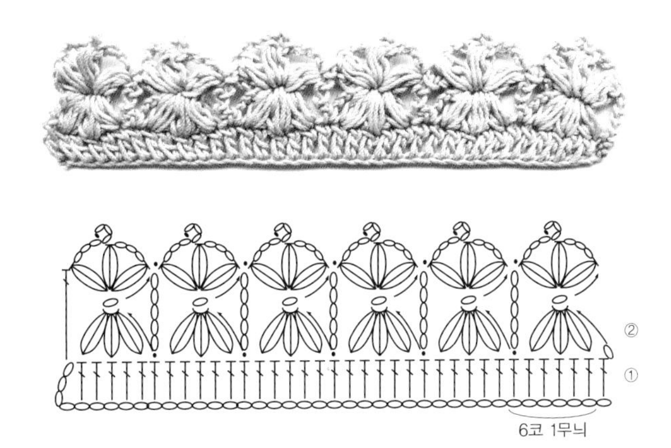

6 4코 5단 1무늬

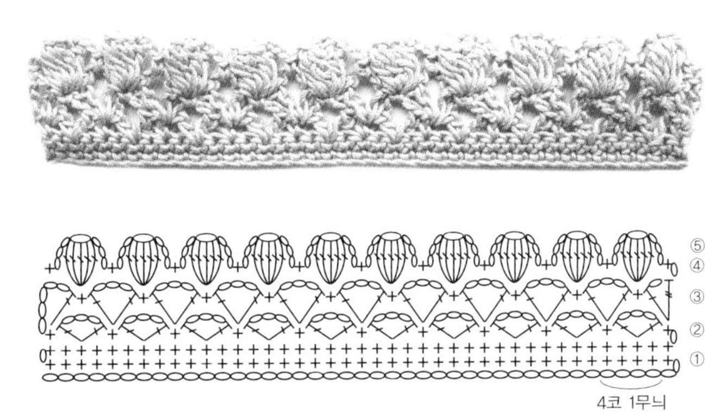

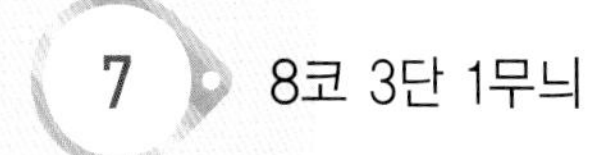

7 8코 3단 1무늬

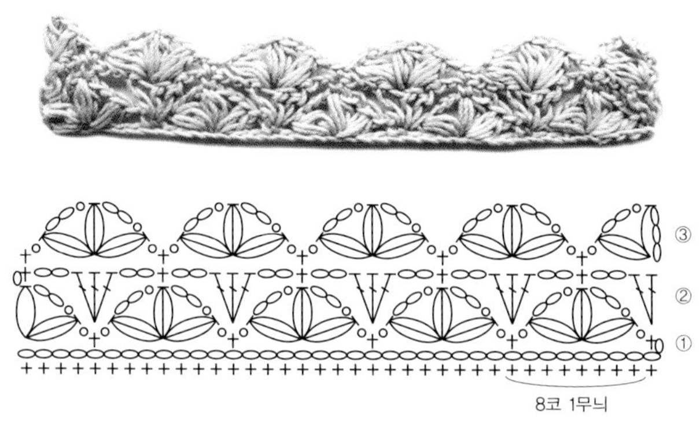

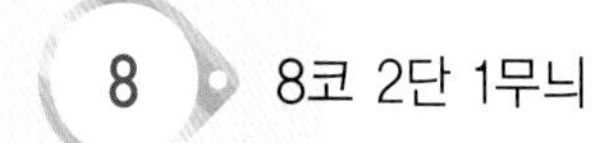

8 8코 2단 1무늬

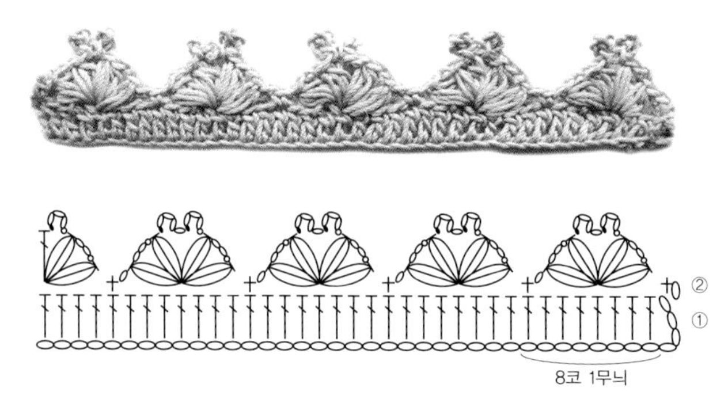

9 1무늬

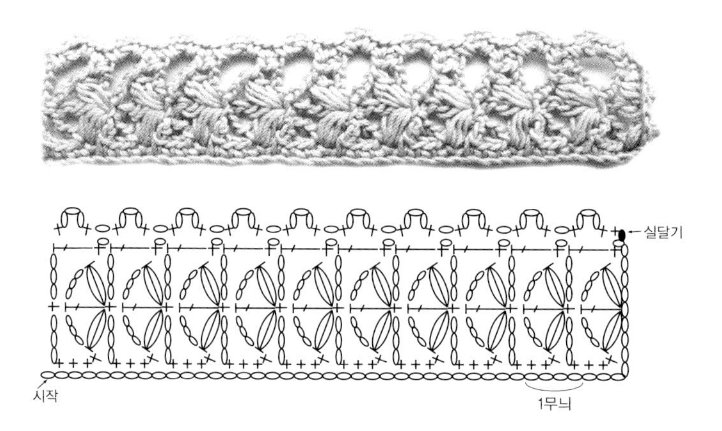

10 4코 3단 1무늬

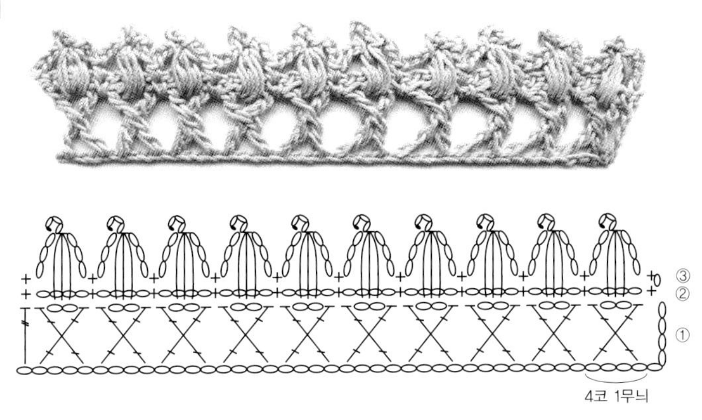

11 2코 3단 1무늬

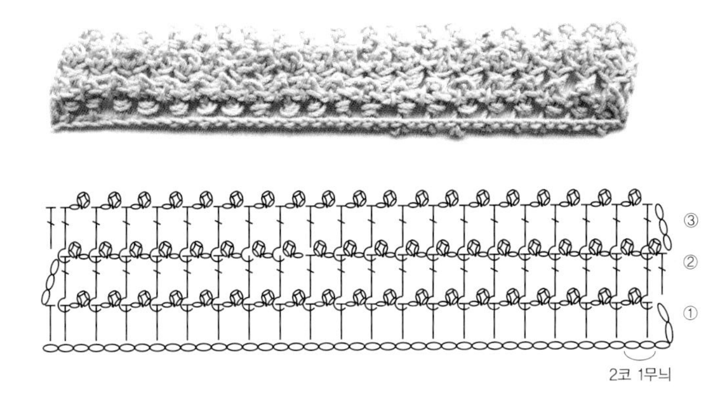

12 4코 3단 1무늬

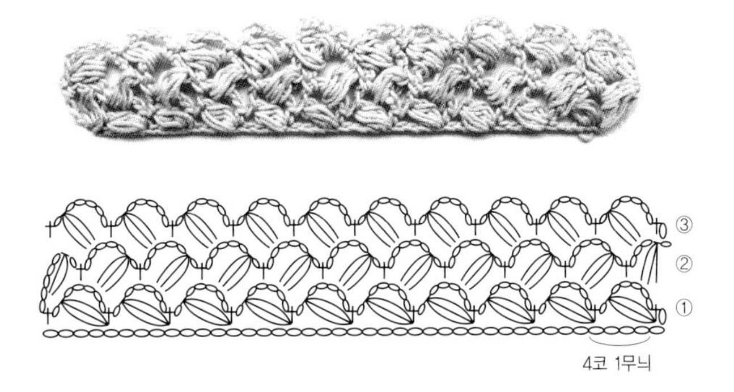

13 6코 3단 1무늬

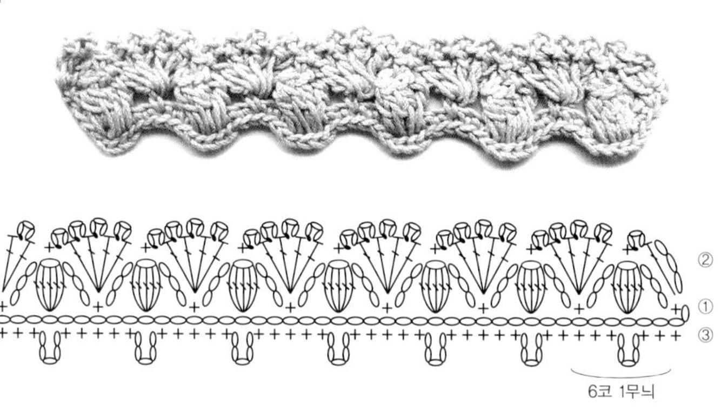

14 3코 3단 1무늬

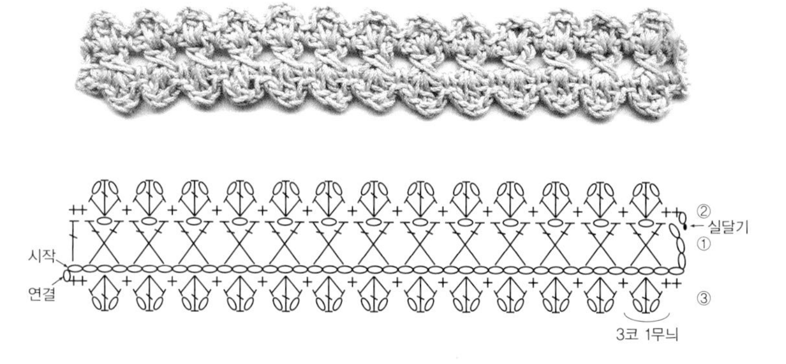

15 시작 6코 1무늬

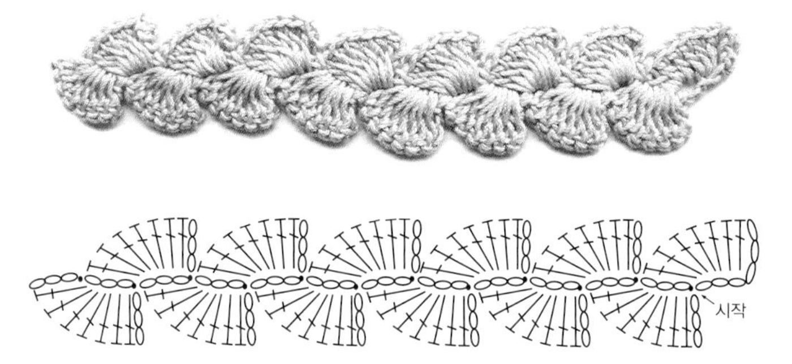

16 3코 3단 1무늬

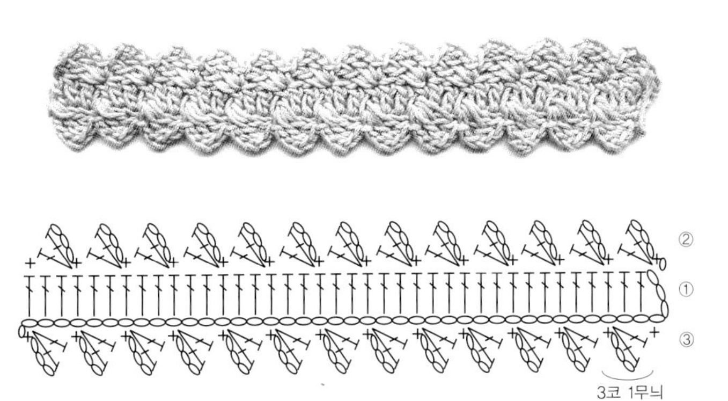

17 3코 2단 1무늬

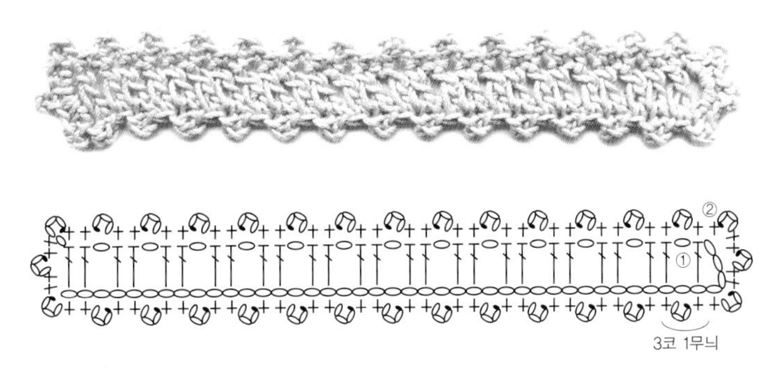

18 5코 3단 1무늬

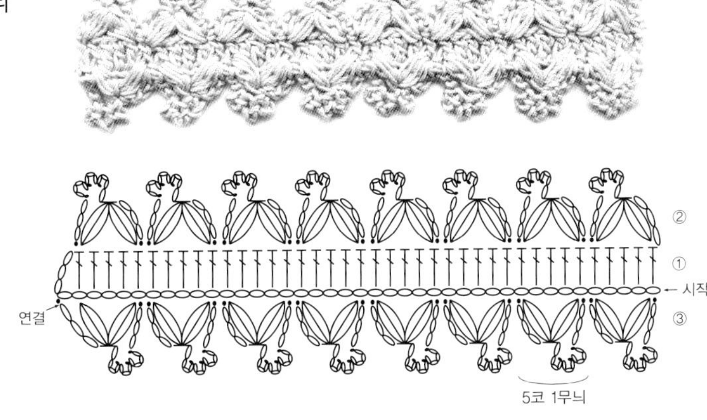

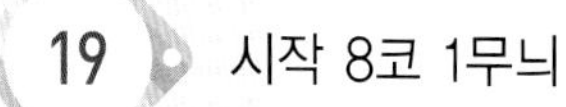

19 시작 8코 1무늬

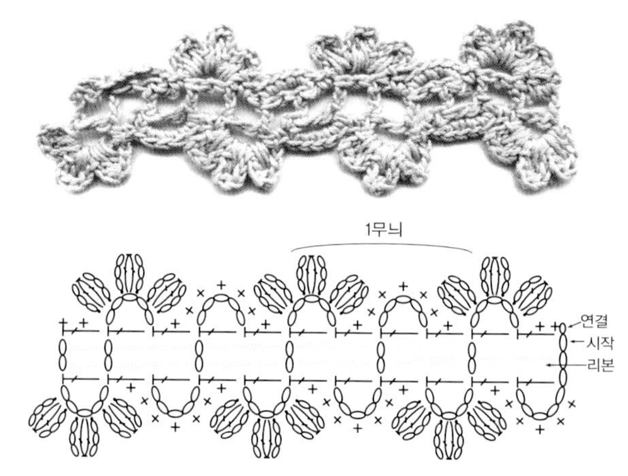

20 시작 5코 1무늬

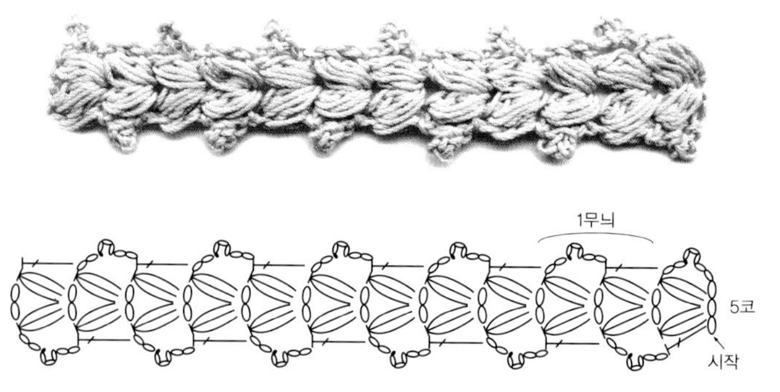

21 시작 4코 1무늬

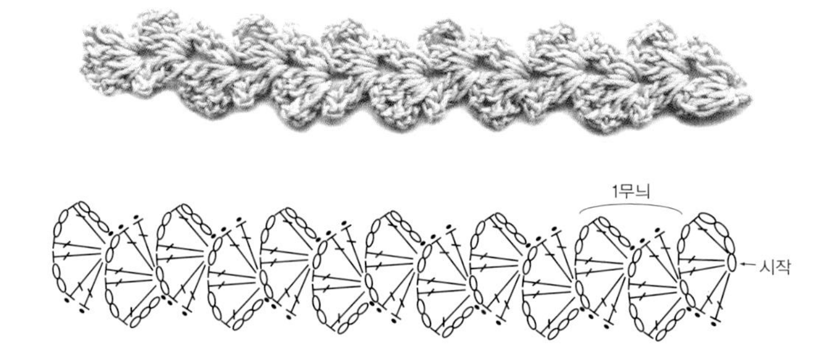

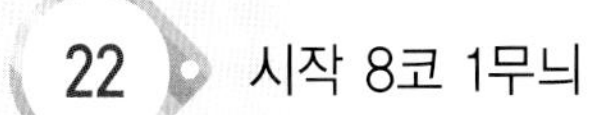

22 시작 8코 1무늬

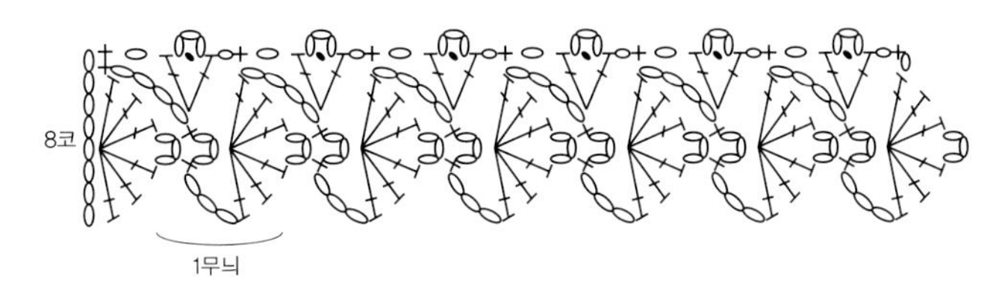

23 시작 8코 1무늬

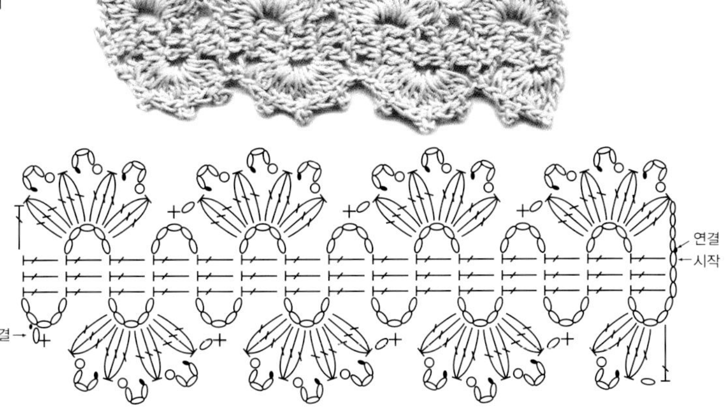

24 4코 3단 1무늬

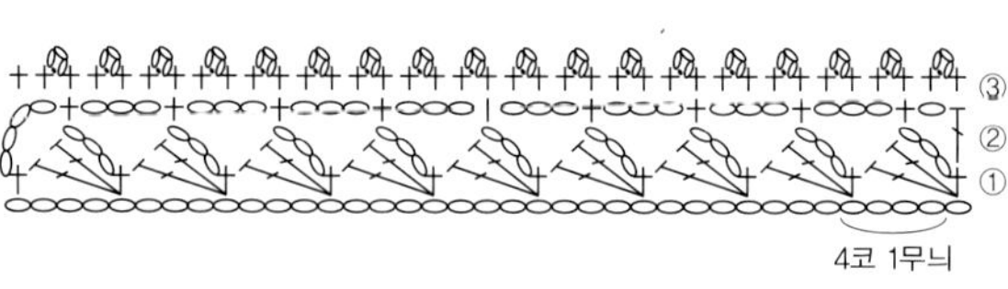

25 8코 6단 1무늬

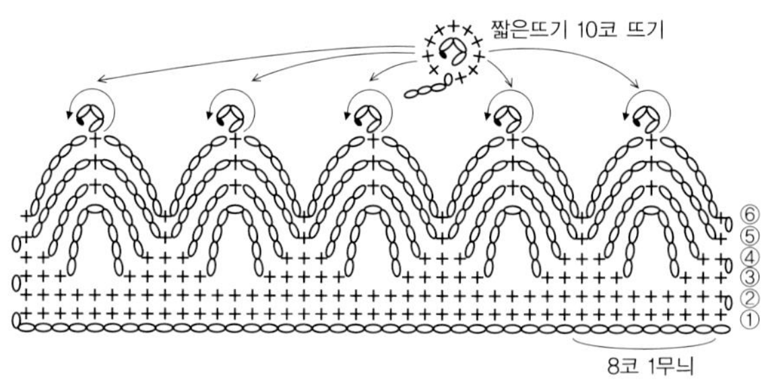

26 5코 5단 1무늬

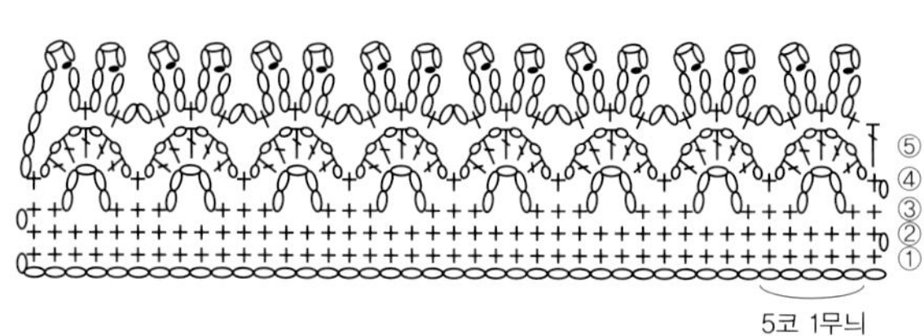

27 6코 4단 1무늬

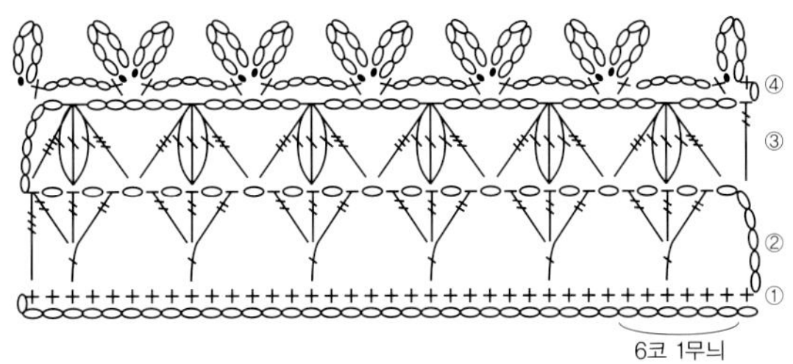

28 5코 5단 1무늬

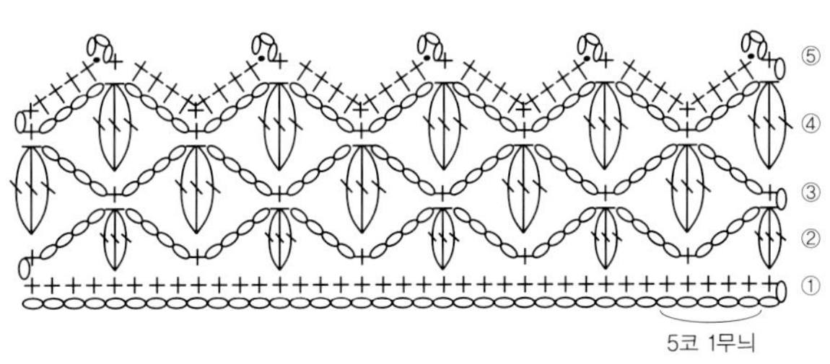

29 8코 5단 1무늬

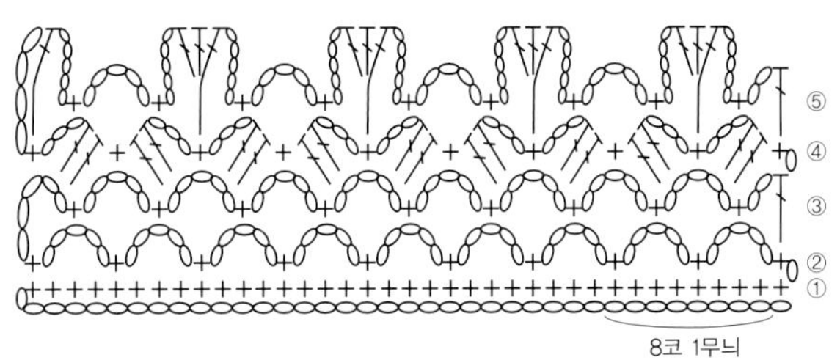

30 4코 4단 1무늬

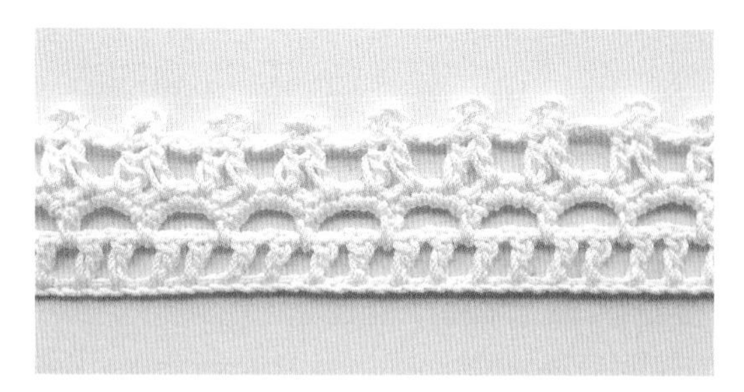

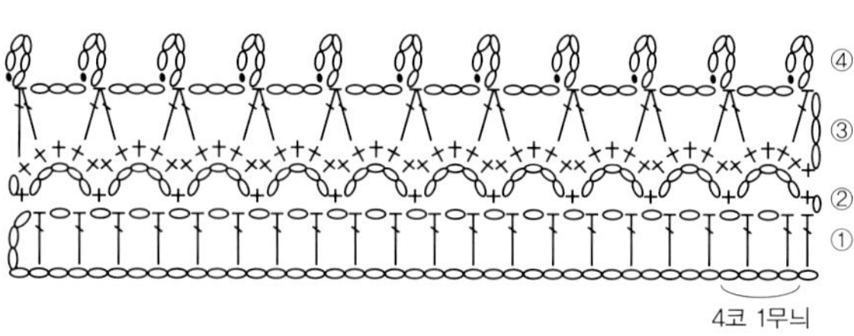

31 6코 4단 1무늬

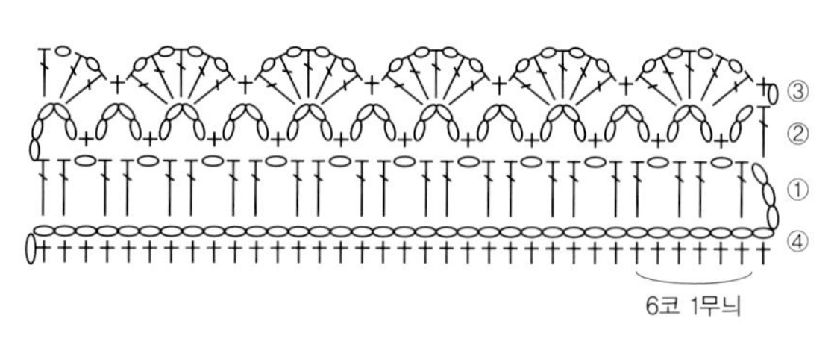

32 4코 3단 1무늬

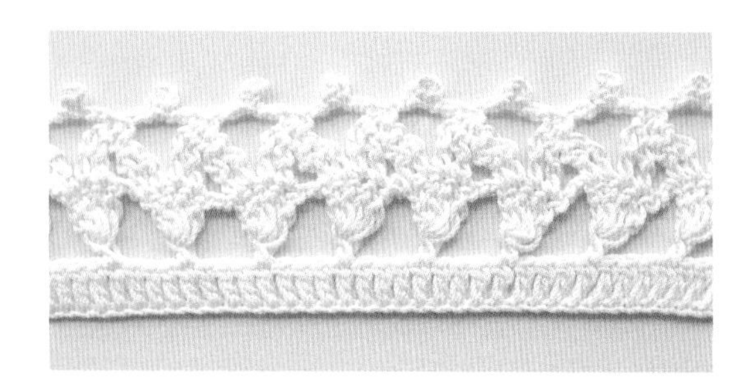

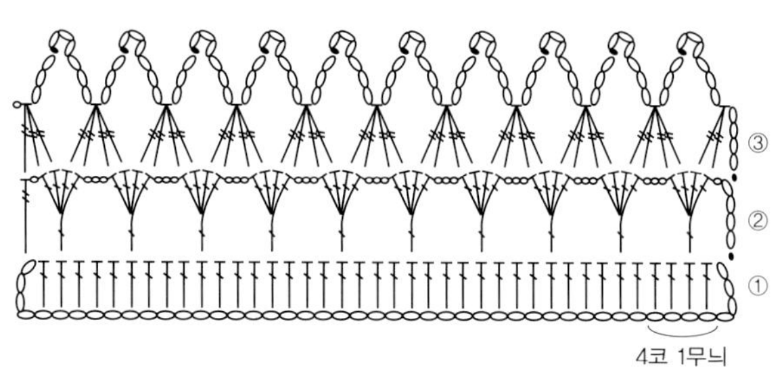

33 6코 4단 1무늬

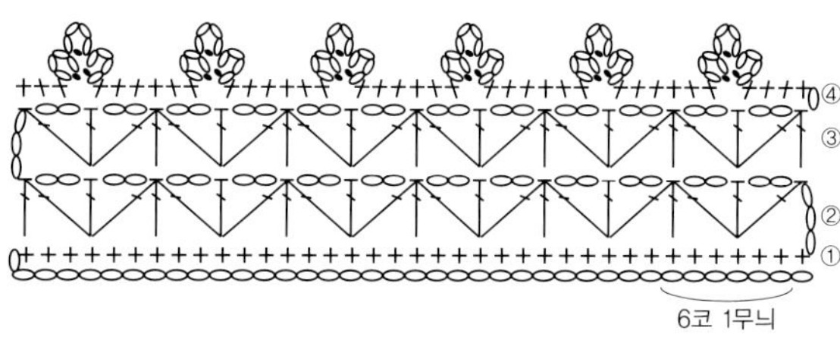

34 6코 3단 1무늬

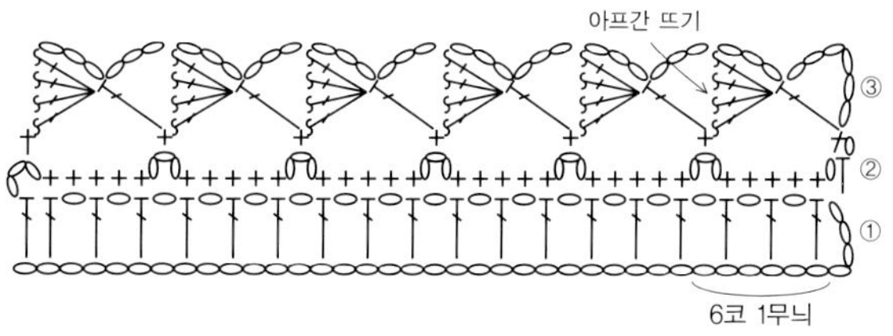

35 8코 3단 1무늬

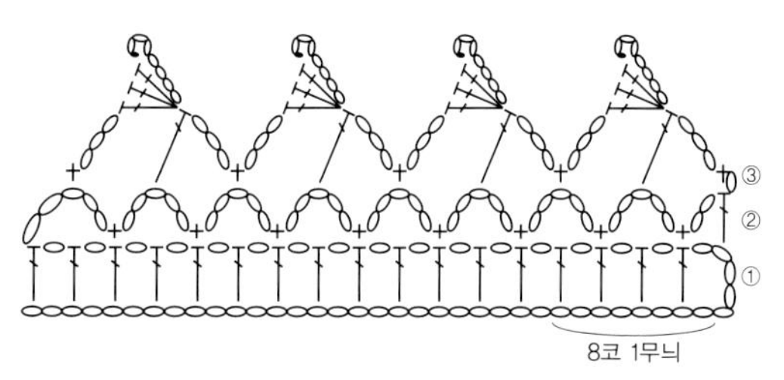

36 9코 4단 1무늬

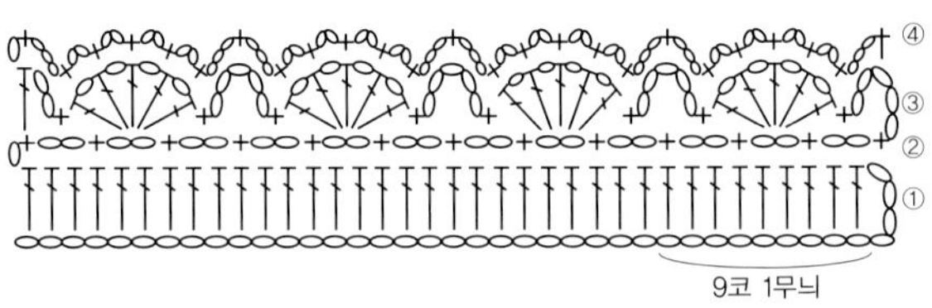

37 8코 4단 1무늬

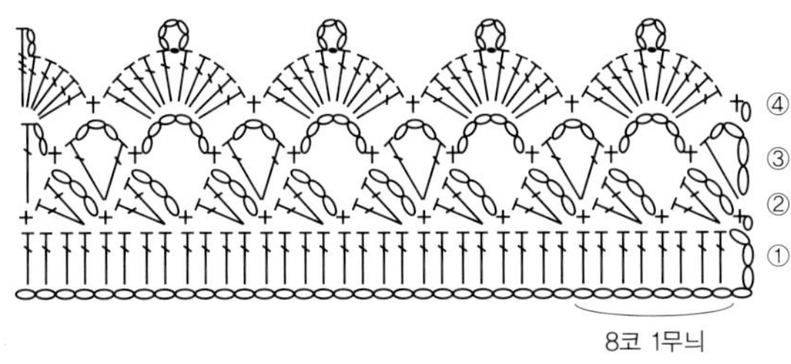

38 5코 4단 1무늬

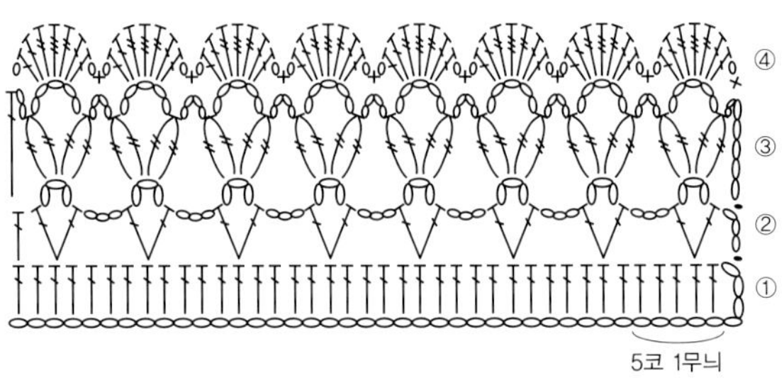

39 시작 2코 1무늬

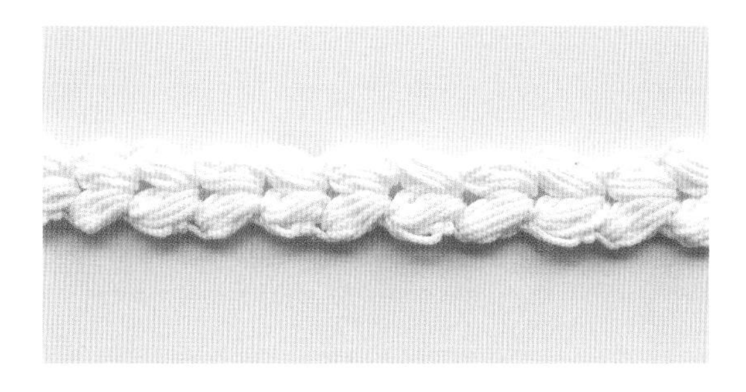

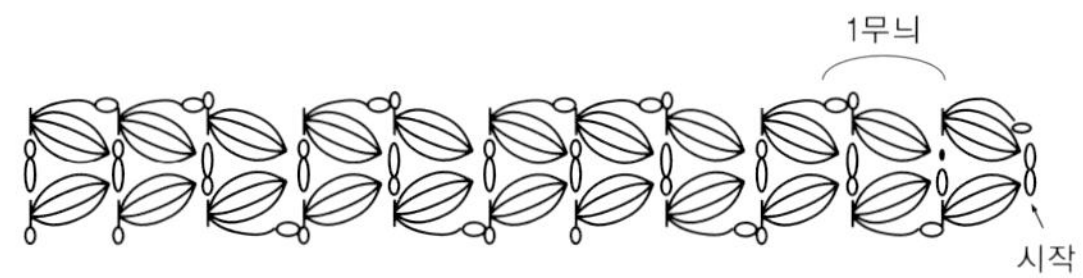

40 3코 6단 1무늬

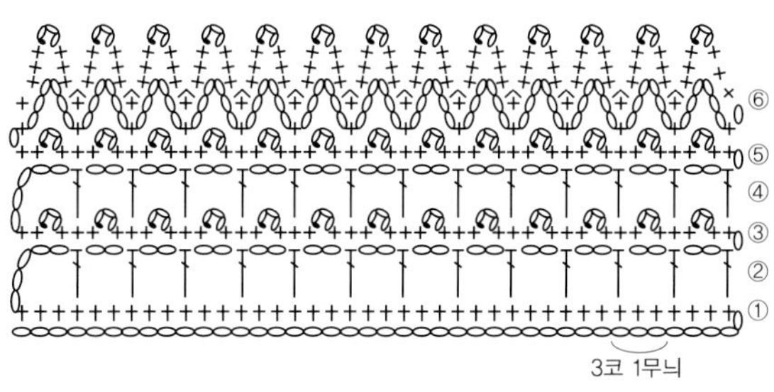

41 11코 3단 1무늬

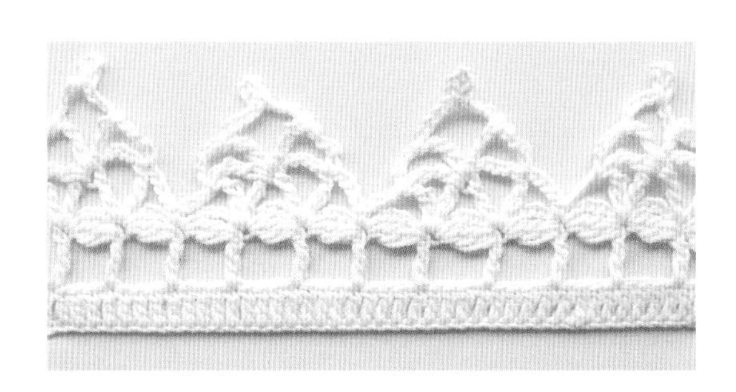

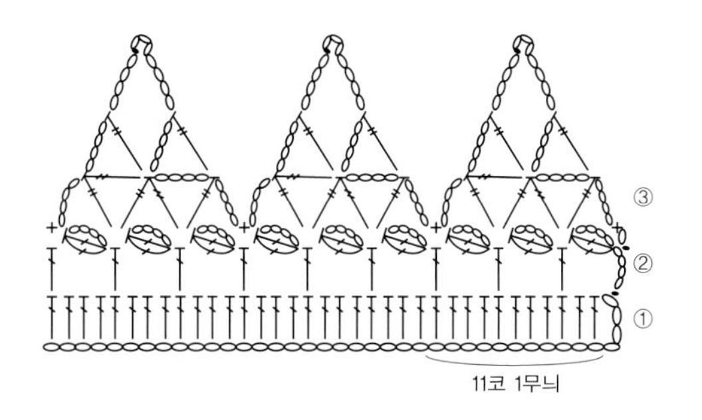

42 시작 4코 1무늬

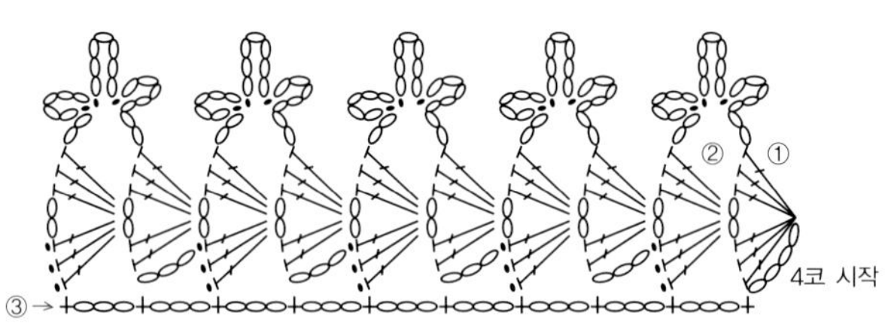

43 시작 7코 1무늬

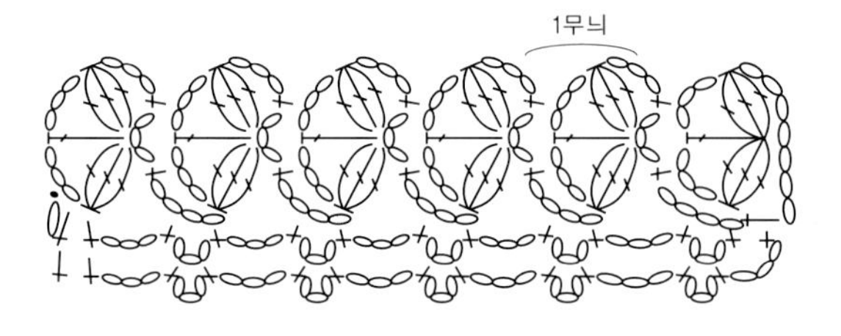

44 3코 3단 1무늬

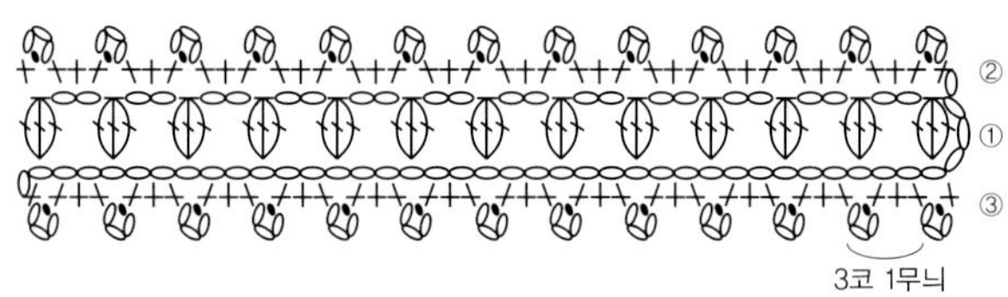

4코 5단 1무늬

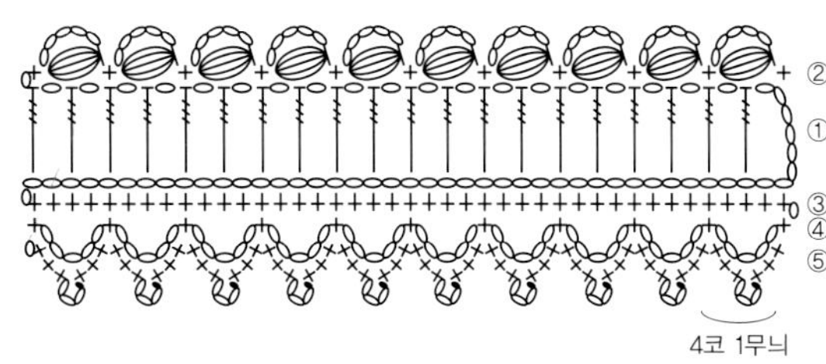

시작 5코 1무늬

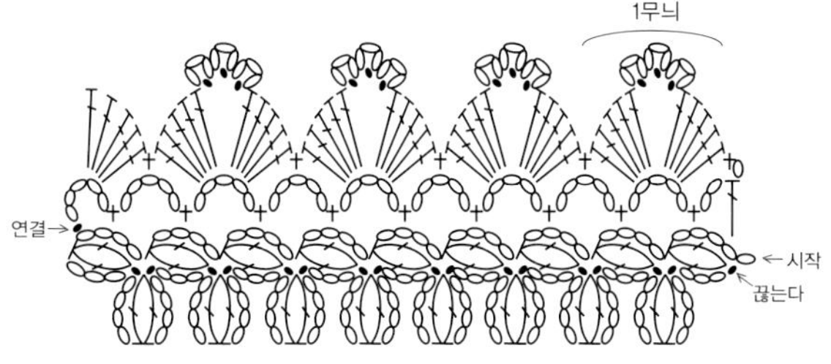

5코 3단 1무늬

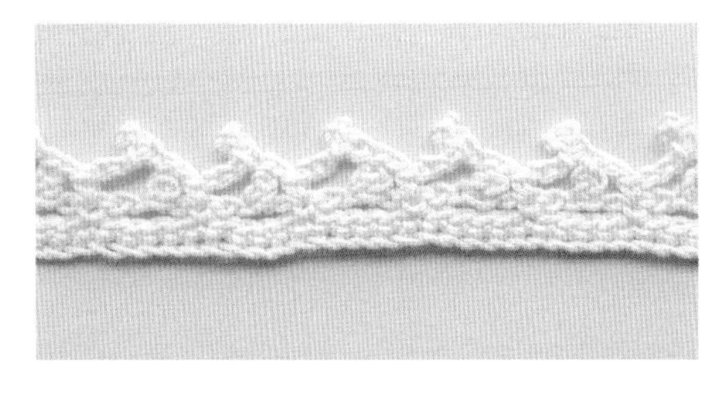

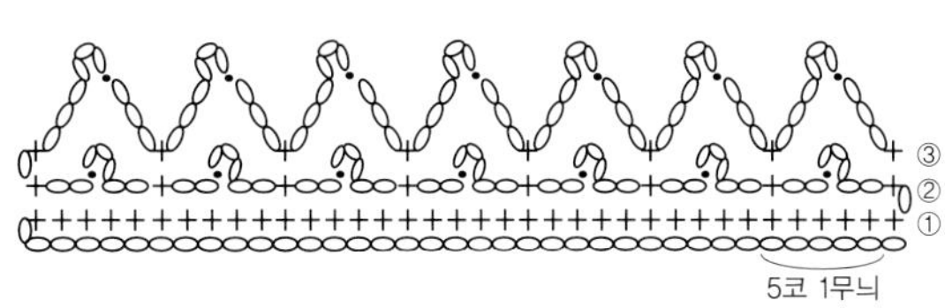

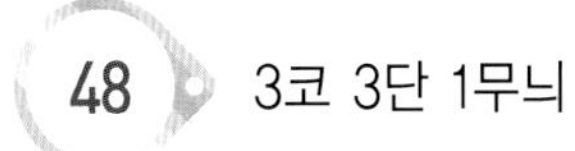

48 3코 3단 1무늬

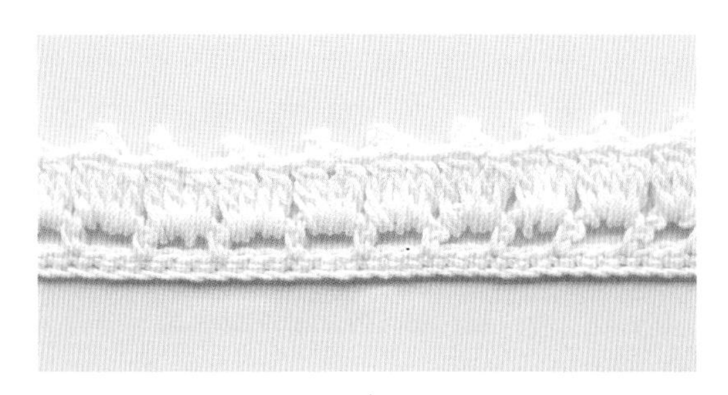

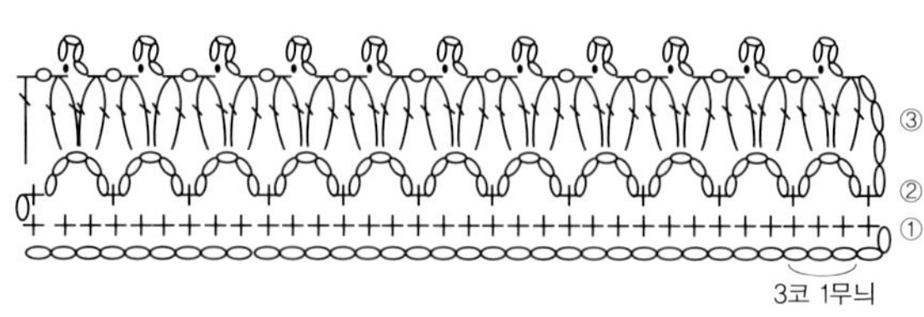

49 3코 3단 1무늬

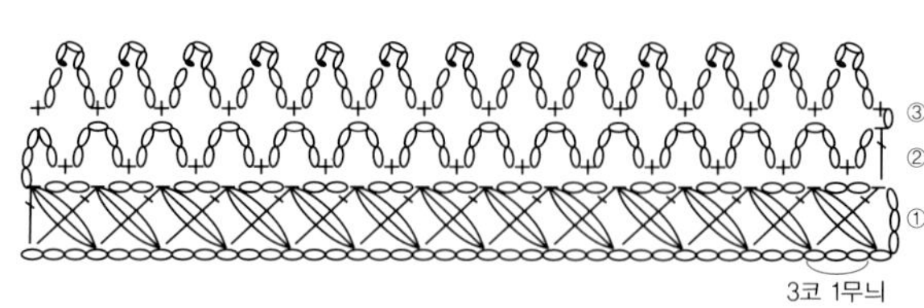

50 6코 3단 1무늬

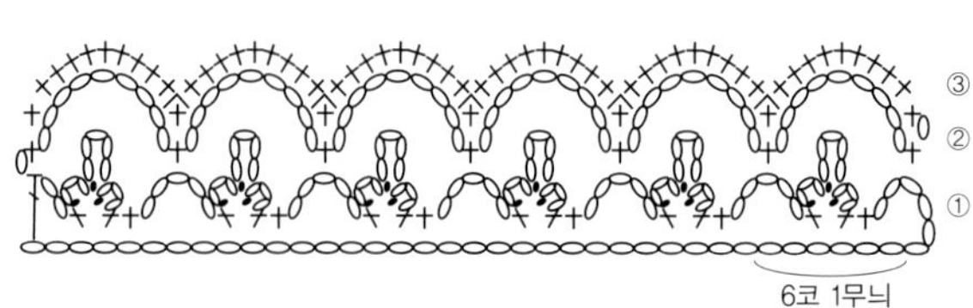

51 10코 2단 1무늬

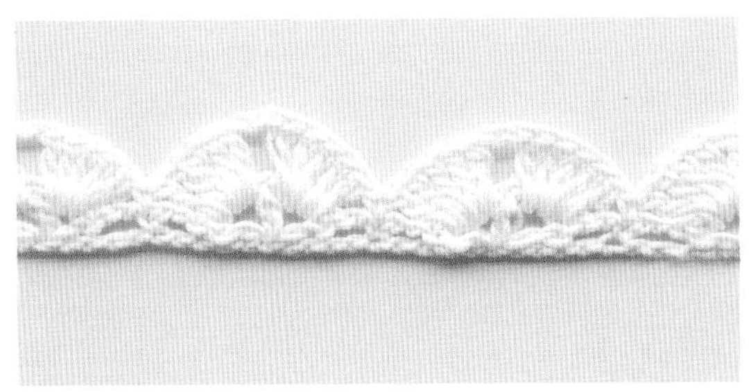

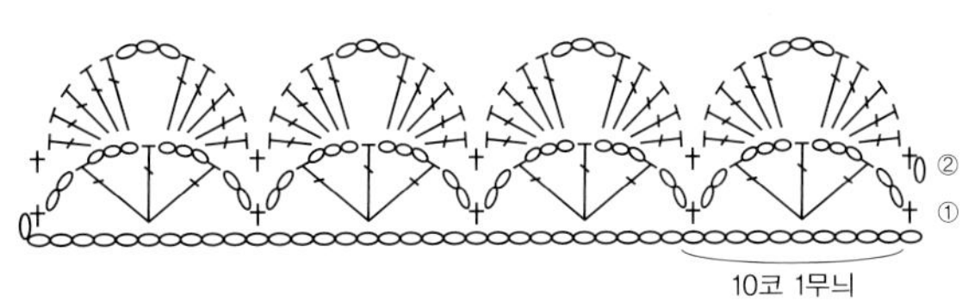

52 4코 3단 1무늬

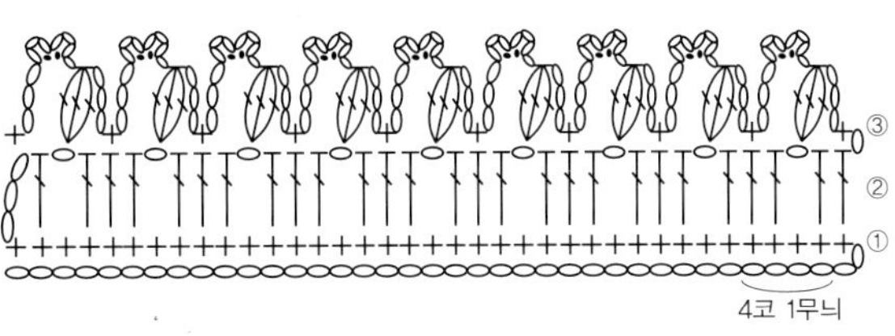

53 9코 2단 1무늬

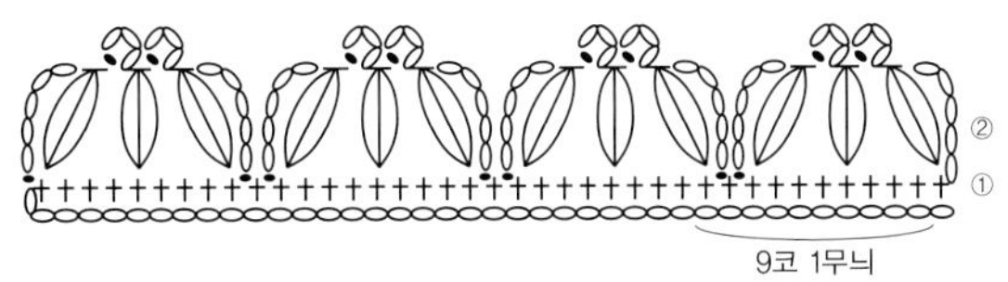

54 8코 2단 1무늬

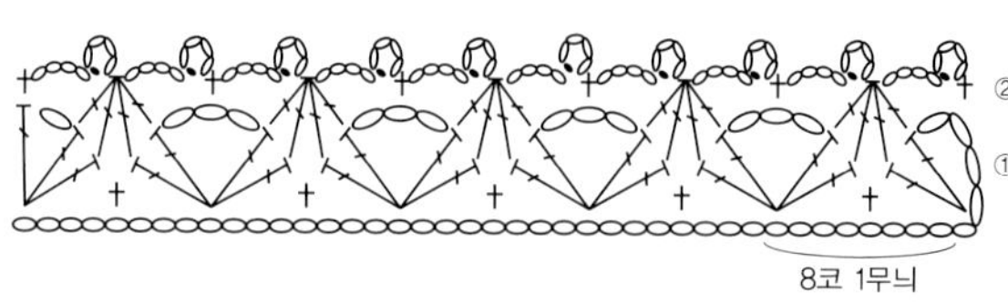

55 6코 5단 1무늬

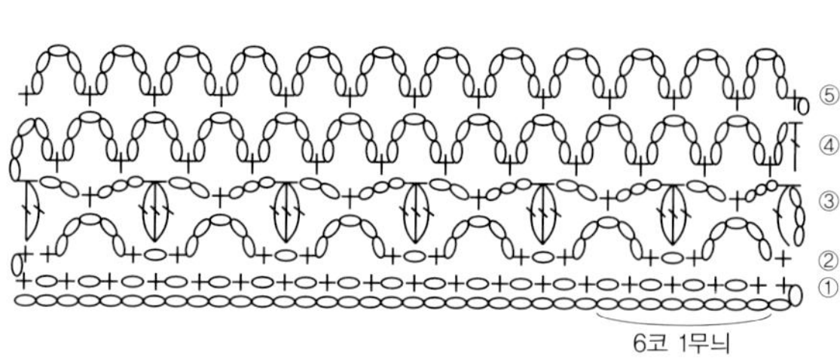

56 8코 5단 1무늬

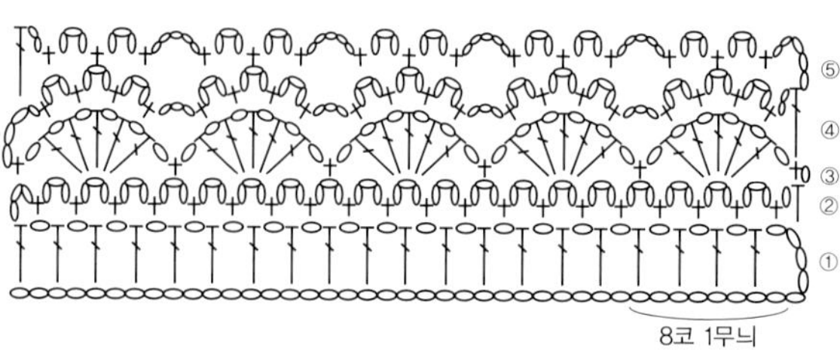

57 10코 5단 1무늬

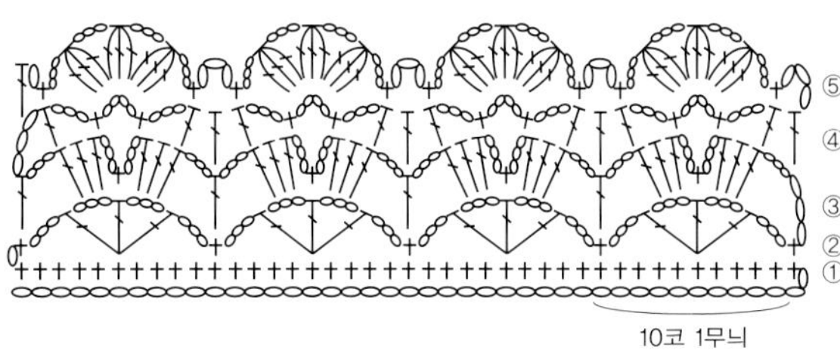

58 14코 5단 1무늬

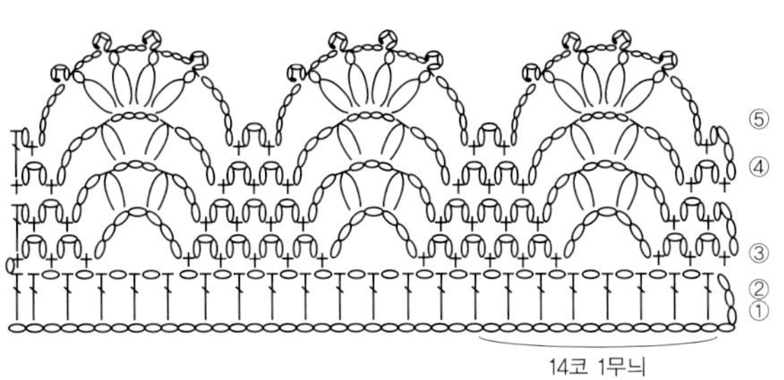

59 6코 3단 1무늬

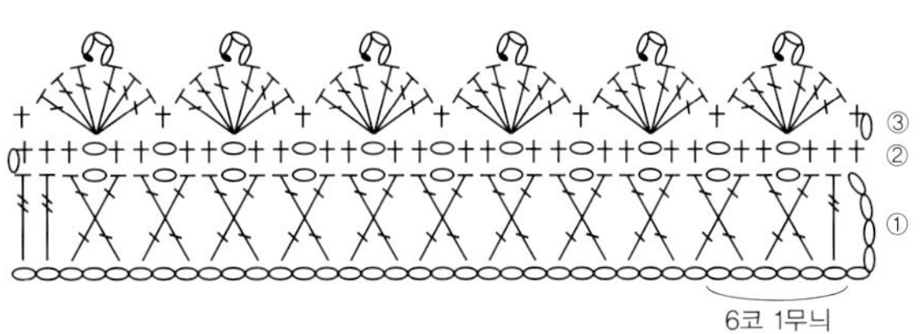

60 8코 5단 1무늬

61 6코 3단 1무늬

62 6코 3단 1무늬

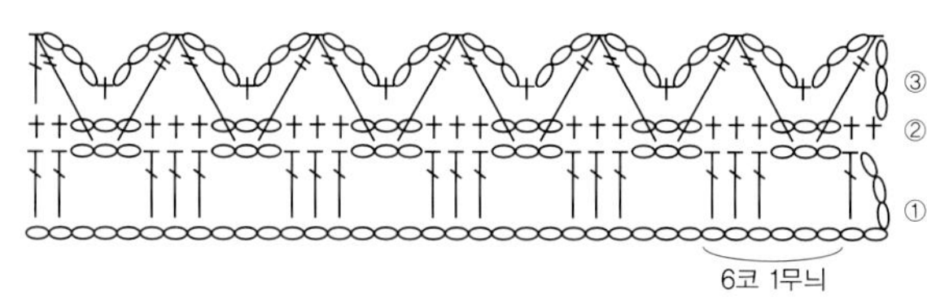

63 5코 3단 1무늬

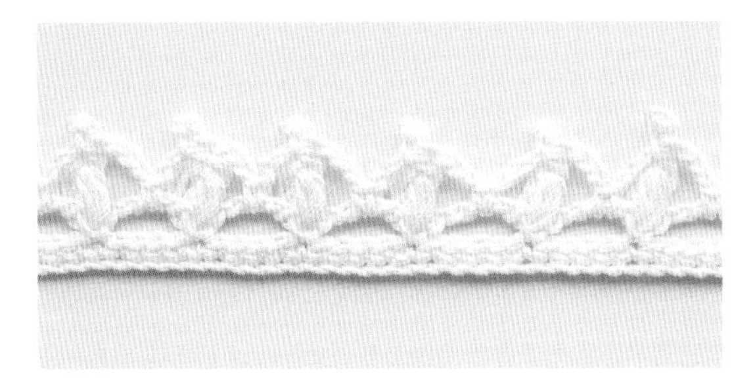

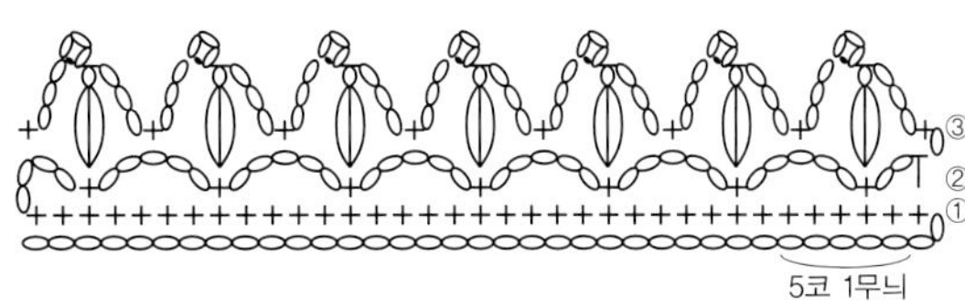

64 5코 2단 1무늬

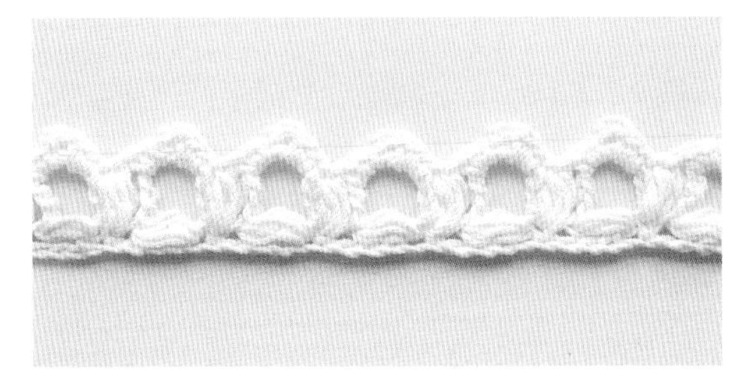

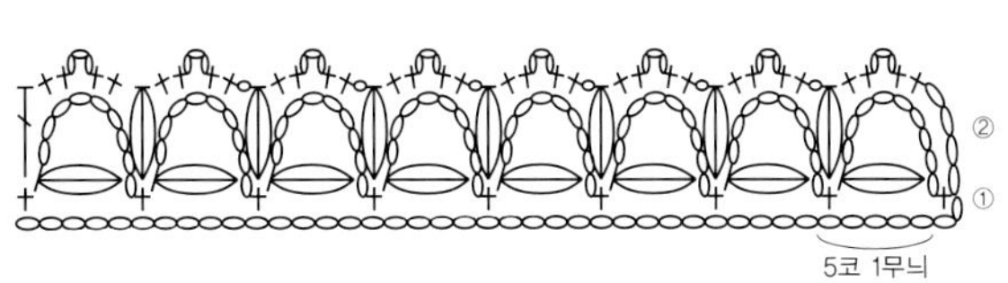

65 5코 2단 1무늬

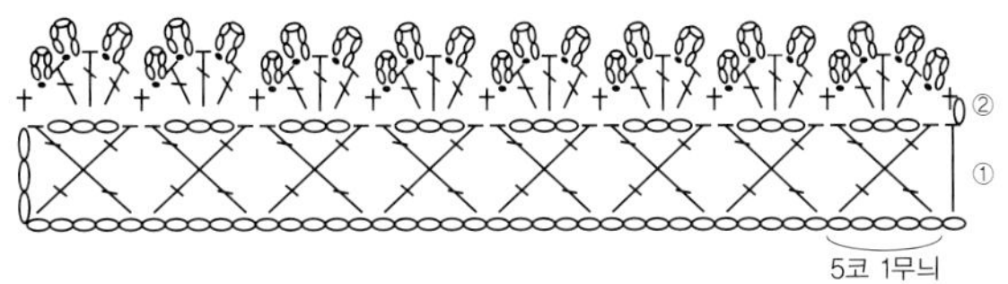

66 5코 4단 1무늬

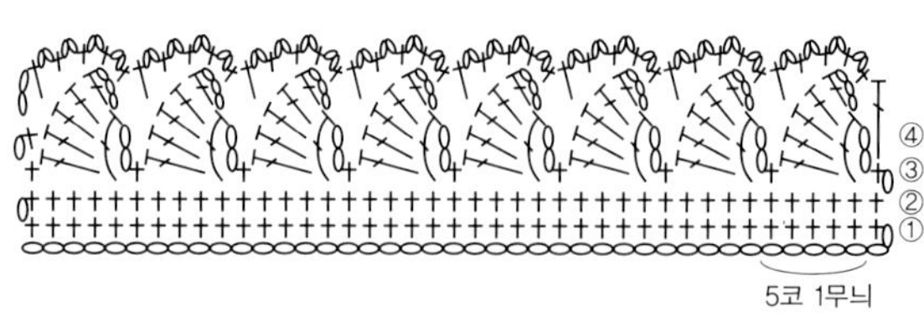

67 8코 4단 1무늬

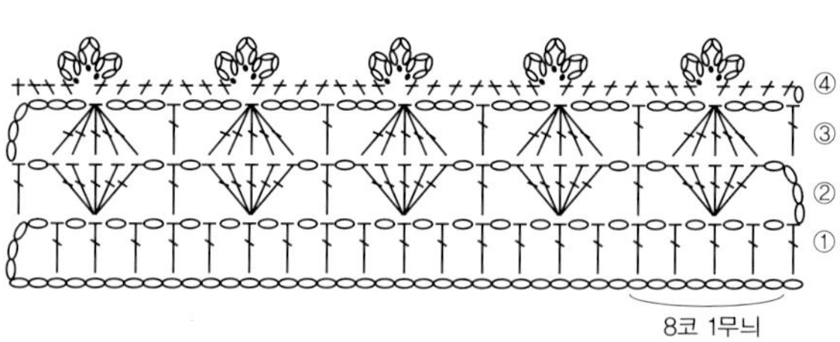

68 5코 4단 1무늬

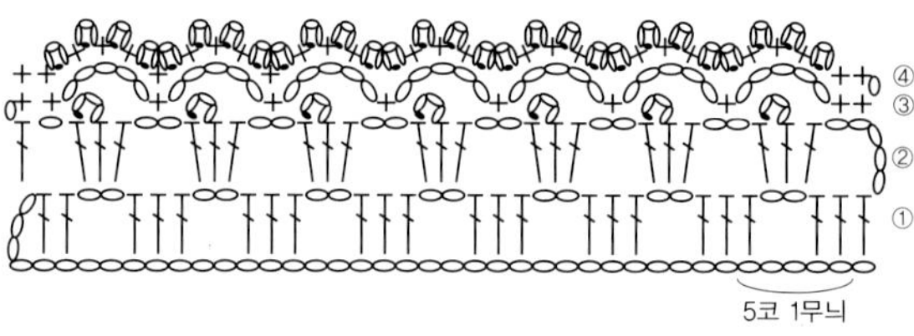

69 8코 4단 1무늬

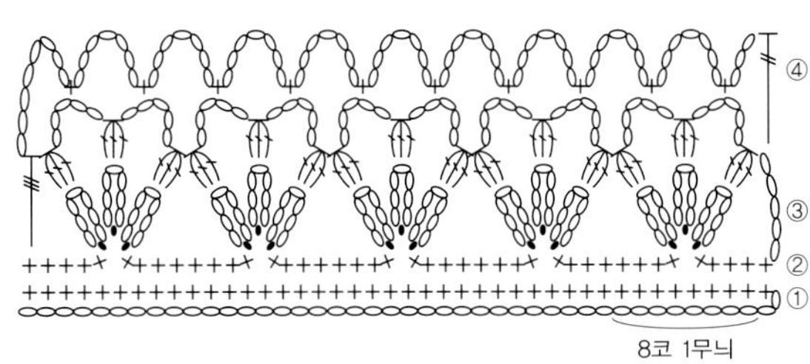

70 시작 9코 1무늬

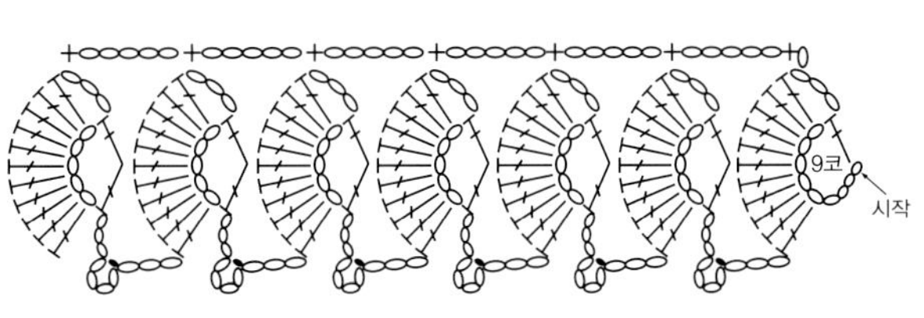

71 시작 9코 1무늬

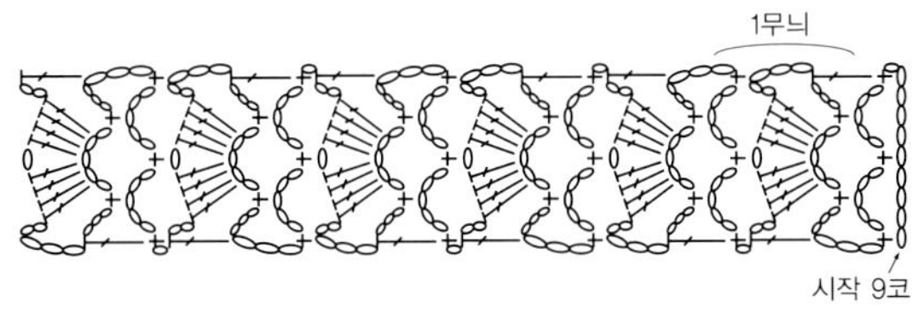

72 시작 9코 1무늬

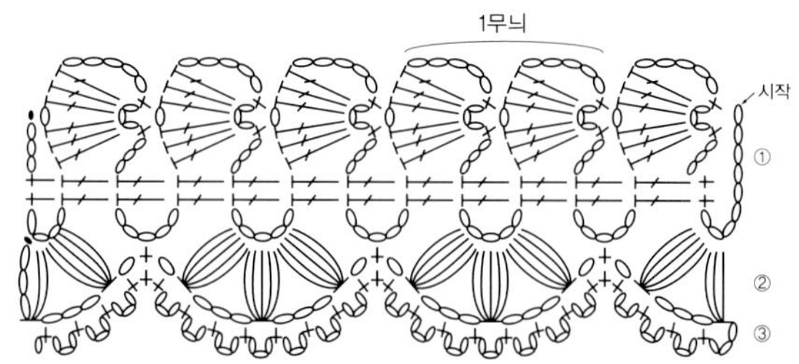

에칭을 활용한 패션

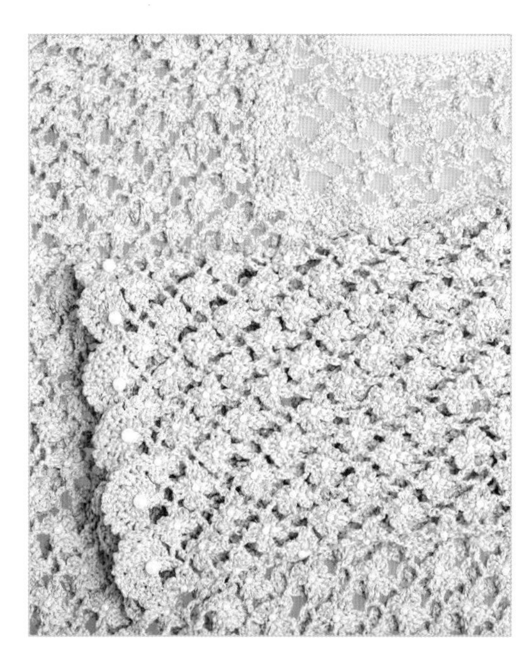

에칭을 활용한 패션

gallery

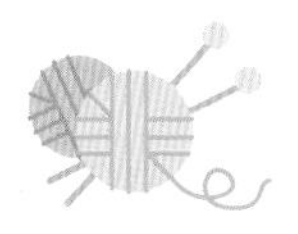

포인트 손뜨개 무늬집

2010년 5월 15일 인쇄
2010년 5월 20일 발행

저자 : 임현지
펴낸이 : 남상호

펴낸곳 : 도서출판 **예신**
www.yesin.co.kr

140-896 서울시 용산구 효창동 5-104
대표전화 : 704-4233, 팩스 : 715-3536
등록번호 : 제03-01365호(2002. 4. 18)

값 15,000원

ISBN : 978-89-5649-081-6

fashion hand knit pattern